AF203708

Gesundheitsausgaben in Deutschland

SCHRIFTEN ZUR EMPIRISCHEN WIRTSCHAFTSFORSCHUNG

Herausgegeben von Peter M. Schulze und Peter Winker

Band 17

PETER LANG

Frankfurt am Main · Berlin · Bern · Bruxelles · New York · Oxford · Wien

Julia König

Gesundheitsausgaben in Deutschland

Eine Kointegrationsanalyse

PETER LANG
Internationaler Verlag der Wissenschaften

Bibliografische Information der Deutschen Nationalbibliothek
Die Deutsche Nationalbibliothek verzeichnet diese Publikation
in der Deutschen Nationalbibliografie; detaillierte bibliografische
Daten sind im Internet über http://dnb.d-nb.de abrufbar.

Zugl.: Mainz, Univ., Diss., 2009

D 77
ISSN 1437-0697
ISBN 978-3-631-60041-2

© Peter Lang GmbH
Internationaler Verlag der Wissenschaften
Frankfurt am Main 2010
Alle Rechte vorbehalten.

Das Werk einschließlich aller seiner Teile ist urheberrechtlich
geschützt. Jede Verwertung außerhalb der engen Grenzen des
Urheberrechtsgesetzes ist ohne Zustimmung des Verlages
unzulässig und strafbar. Das gilt insbesondere für
Vervielfältigungen, Übersetzungen, Mikroverfilmungen und die
Einspeicherung und Verarbeitung in elektronischen Systemen.

www.peterlang.de

V

VORWORT

Die vorliegende Dissertation ist das Ergebnis meiner Forschungstätigkeit als wissenschaftliche Mitarbeiterin am Institut für Statistik und Ökonometrie der Johannes Gutenberg-Universität Mainz.

Meinem Doktorvater, Herrn Univ.-Prof. Dr. Peter M. Schulze, danke ich für das entgegengebrachte Vertrauen sowie die wissenschaftliche Betreuung dieser Arbeit. Darüber hinaus gilt mein Dank Herrn Prof. Dr. Martin Biewen für die bereitwillige Übernahme des Zweitgutachtens. Ebenso danke ich Herrn Univ.-Prof. Dr. Rolf Bronner und Herrn Univ.-Prof. Dr. Frank Huber, die zusammen mit Herrn Univ.-Prof. Dr. Peter M. Schulze die akademischen Gespräche im Rahmen des Rigorosums geführt haben.

Für die kritische Durchsicht des Manuskripts und die wertvollen Anmerkungen hierzu danke ich herzlich meinem Onkel Dr. Bernd Halfen, meinem Vater Gerhard König und Frau Dr. Yvonne Lange-König. Ferner bin ich meinen ehemaligen Kolleginnen Dr. Verena Dexheimer und Dr. Anke Koch für zahlreiche und konstruktive Diskussionen freundschaftlich verbunden. Danken möchte ich auch der Sekretärin des Instituts, Frau Stephanie Averbeck-Rauch, für ihre Hilfsbereitschaft bei organisatorischen Angelegenheiten.

Mein ganz besonderer Dank gilt meinem zukünftigen Ehemann Holger Stoffel, meinen Eltern Beate und Gerhard König sowie meinem Bruder Daniel für ihre Liebe, ihr großes Verständnis und ihr uneingeschränktes Vertrauen. Durch ihre Unterstützung und Motivation haben sie meine akademische Bildung gefördert.

Julia König   Emmelshausen im März 2010

INHALTSVERZEICHNIS

ABKÜRZUNGS- UND SYMBOLVERZEICHNIS X
TABELLENVERZEICHNIS XIV
ABBILDUNGSVERZEICHNIS XV

1 EINLEITUNG 1

2 GESUNDHEITSAUSGABEN 5
2.1 Begriffsabgrenzungen 5
2.2 Entwicklung und Struktur 8
2.3 Einflussgrößen 16

3 STATISTISCH-ÖKONOMETRISCHE GRUNDLAGEN 33
3.1 Nichtstationäre Prozesse und die Idee der Kointegration 33
3.2 Überprüfung des Integrationsgrades 38
   3.2.1 Klassische Testverfahren 39
      3.2.1.1 Kwiatkowski-Phillips-Schmidt-Shin-Test 39
      3.2.1.2 (Augmented) Dickey-Fuller-Test 41
      3.2.1.3 Phillips-Perron-Test 45
      3.2.1.4 Schmidt-Phillips-Test 46
      3.2.1.5 Elliott-Rothenberg-Stock-Test 49
   3.2.2 Problematik der Ausreißer und Strukturbrüche 51
   3.2.3 Tests bei Vorliegen von Ausreißern und Strukturbrüchen 56
      3.2.3.1 Franses-Haldrup-Test bei additiven Ausreißern 56
      3.2.3.2 Perron-Test bei exogenem Strukturbruch 57
      3.2.3.3 Zivot-Andrews-Test bei endogenem Strukturbruch .. 61
      3.2.3.4 Lee-Strazicich-Test bei endogenem Strukturbruch ... 63
      3.2.3.5 Lee-Strazicich-Test bei zwei endogenen Struktur-
           brüchen 65
   3.2.4 Tests auf Integration im Überblick 67
3.3 Kointegration ökonomischer Variablen 68
   3.3.1 Nichtstationarität im vektorautoregressiven Modell 68
   3.3.2 Konzept der Kointegration 71
   3.3.3 Vektorfehlerkorrekturmodell 74

3.3.4   Deterministische Komponenten im kointegrierten
        VAR-Modell.. 77
3.3.5   Schätzung kointegrierter Systeme: Ansatz von Johansen......... 82
3.3.6   Bestimmung des Kointegrationsrangs................................ 85
3.3.7   Modellspezifikation und deren Beurteilung........................ 88
3.3.8   Tests auf Parameterstabilität 89
3.3.9   Hypothesentests.. 92
        3.3.9.1   Restriktionen bezüglich der Kointegrations-
                  vektoren.. 92
        3.3.9.2   Restriktionen bezüglich der Anpassungsparameter... 96
3.3.10 Identifikation der Modellparameter 99
        3.3.10.1 Identifikation der langfristigen Struktur............. 100
        3.3.10.2 Identifikation der kurzfristigen Struktur............. 102
3.3.11 Identifikation der gemeinsamen Trends............................ 104
3.3.12 Identifikation struktureller Schocks 106
3.3.13 Prognose kointegrierter Prozesse 108
3.3.14 Kointegrationsanalyse im Überblick............................... 109

4 EMPIRISCHE UNTERSUCHUNG FÜR DEUTSCHLAND 111
   4.1 Datenbasis.. 111
   4.2 Tests auf Integration 118
        4.2.1 Vorbemerkungen.. 118
        4.2.2 Ergebnisse der Einheitswurzeltests............................ 121
               4.2.2.1   Gesundheitsausgaben................................ 121
               4.2.2.2   Determinanten der Gesundheitsausgaben............. 128
   4.3 Analyse kointegrierter Systeme....................................... 129
        4.3.1 Vorbemerkungen.. 129
        4.3.2 Ergebnisse der Kointegrationsanalysen 131
               4.3.2.1   Modell 1: Das gesundheitspolitische Modell 132
               4.3.2.2   Modell 2: Das marktwirtschaftliche Modell......... 146
               4.3.2.3   Zusammenfassung der Ergebnisse und deren
                         Implikationen...................................... 156
        4.3.3 Prognosen der Gesundheitsausgaben 160

5 SCHLUSSBEMERKUNGEN... 163

ANHANG... 167
   Anhang 1: Alternative Testgleichungen im DF-Test................................ 167
   Anhang 2: Mathematische Zusammenhänge der Dummy-Variablen........... 168
   Anhang 3: Datenquellen... 169
   Anhang 4: Kritische Werte der Tests auf Integration 170
   Anhang 5: Ergebnisse zu Modell 1 172
   Anhang 6: Ergebnisse zu Modell 2 176

LITERATURVERZEICHNIS 179

ABKÜRZUNGS- UND SYMBOLVERZEICHNIS

ALLGEMEIN:

AO	additiver Ausreißer
(A)DF	(augmented) Dickey-Fuller
ARCH	autoregressive conditional heteroskedasticity
ARIMA	autoregressive integrated moving-average
BIC	Informationskriterium von Schwarz
BIP	Bruttoinlandsprodukt
BKK	Betriebskrankenkasse
BMI	Body-Maß-Index
BRD	Bundesrepublik Deutschland
CATS	Cointegration Analysis of Time Series
CI(d, b)	kointegriert der Ordnung d, b
c. p.	ceteris paribus
CT	gemeinsamer stochastischer Trend
DALY	disability-adjusted life years
DU, DT, DTB, DTS	Dummy-Variablen zur Modellierung von Strukturbrüchen
ERS	Elliott-Rothenberg-Stock
FH	Franses-Haldrup
GLS	generalized least squares
H_0	Nullhypothese
H_1	Alternativhypothese
HALE	health-adjusted life expectancy
I(d)	integriert der Ordnung d
IO	innovativer Ausreißer
K	Lagordnung
KPSS	Kwiatkowski-Phillips-Schmidt-Shin
L	Lagoperator
LM	Lagrange-Multiplikator
LR	Likelihood-Ratio
LS	Lee-Strazicich
ML	maximum-likelihood
OECD	Organisation for Economic Co-operation and Development
OLS	ordinary least squares

p	Ordnung des (vektor)autoregressiven Prozesses
P	Perron
PP	Phillips-Perron
p-value	Überschreitungswahrscheinlichkeit
p-value*	Überschreitungswahrscheinlichkeit unter Berücksichtigung der Klein-Stichprobenkorrektur
q	Ordnung der moving-average Komponente
Q^*	Ljung-Box-Statistik
QALY	quality-adjusted life years
R^2	Determinationskoeffizient / Bestimmtheitsmaß
RATS	Regression Analysis of Time Series
RMSE	root mean square error
SP	Schmidt-Phillips
t	Zeitpunkt / deterministischer Trend
T	Anzahl der Beobachtungen / Länge der Zeitreihe
TB	Zeitpunkt des Strukturbruches
TF	Trendfunktion
U	(Theil's) Ungleichheitsmaß
UNO	United Nations Organization
(V)AR	(vector)autoregressive
VEC	vector error correction
(V)MA	(vector) moving-average
WHO	World Health Organization
y_t	Zeitreihe
$\tilde{y}_t$	bereinigte Zeitreihe
z	Lösungen / Nullstellen des Lagpolynoms
ZA	Zivot-Andrews
ε, ω	Residuum / Störgröße / Restwert
θ	Parameter des (vektor)autoregressiven Prozesses
Δ	Differenz
Σ	Summe
Φ	Parameter verzögerter Differenzen

∞	unendlich
$\wedge$	geschätzter Wert
'	Transponierte (eines Vektors / einer Matrix)
$\sim$	verteilt nach

SPEZIELL IN KAPITEL 3.2:

$\bar{c}$	vorgegebener Wert für die GLS-Bereinigung
r	Zeitreihe
S	Partialsumme
u	Residuum / Störgröße / Restwert
w(s,K)	optimale Gewichtung der Autokovarianzen
x	Vektor deterministischer Terme

α, δ_1	Koeffizient des deterministischen Trends
λ	Stichprobenumfang bis zum Strukturbruch in Relation zum gesamten Stichprobenumfang
μ, δ_0, c	Konstante, Erwartungswert
π	Koeffizienten der Ausreißer und Dummy-Variablen
ρ, γ	autoregressiver Koeffizient (-1)
σ, σ^2	Standardabweichung, Varianz
$\tau, \tilde{\tau}, \Phi, Z$	Teststatistiken / Prüfgrößen

SPEZIELL IN KAPITEL 3.3:

a, A_1	Koeffizienten der strukturellen Form
$\mathbf{A_0}$	kontemporäre Matrix im strukturellen Modell
$\mathbf{b}$	bekannte Vektoren der Kointegrationsmatrix
$\dot{\mathbf{B}}$	Koeffizienten der gemeinsamen stochastischen Trends
C, C^*	Koeffizienten der (kumulierten) Residuen
$\mathbf{D}$	Matrix zur Beschreibung des Zusammenhangs zwischen den VAR-Residuen und den strukturellen Schocks
det	Determinante
E	Erwartungswert
$\mathbf{H}$	Designmatrix
$\mathbf{I}$	Einheitsmatrix
Log	logarithmiert
m	Anzahl der Restriktionen

max-Test	Test des maximalen Eigenwertes
n, n^*	Anzahl der Variablen
N	Normalverteilung
r	Kointegrationsrang
$\mathbf{R}$	Matrix der Restriktionen
s	Anzahl der frei zu schätzenden Parameter
x	Linearkombination
y, y^*	Vektor der Zeitreihen / Variablen der Kointegrationsbeziehung
Y_0	Startwerte
α	Anpassungs- / Ladungsparameter
$\beta_i, \mathbf{B}, \mathbf{B}^*$	Kointegrationsvektor / -matrix
δ	Koeffizienten der Trendkomponente
κ	Koeffizientenvektor
λ, λ^*	Eigenwert
$\lambda_{trace}, \lambda_{max}$	Prüfgrößen des Johansen-Tests
μ	Koeffizienten der Absolutglieder
ν	Eigenvektor
τ	Prognosehorizont
ω^T, ω^P	(transitorischer bzw. permanenter) struktureller Schock
$\Gamma, \eta, \upsilon, \psi$	Koeffizienten der Ausreißer und Dummy-Variablen
Π	Zusammengefasste Koeffizientenmatrix des Fehlerkorrekturterms
Σ, Ω	Varianz-Kovarianzmatrix der Residuen
$\mathbf{0}$	Nullvektor / -matrix
ℓ	logarithmierte Likelihood-Funktion
$\perp$	orthogonales Komplement (einer Matrix)
$-$	Matrizen des strukturellen VMA-Modells

XIV

TABELLENVERZEICHNIS

Tabelle 3-1: Integrationstests im Überblick 67

Tabelle 4-1: Verwendete Variablen im Überblick 117
Tabelle 4-2: Testergebnisse zu den realen Gesundheitsausgaben 128
Tabelle 4-3: Testergebnisse zu den Determinanten der Gesundheits-
ausgaben 129
Tabelle 4-4: Annahmenüberprüfung in Modell 1 133
Tabelle 4-5: Johansen-Test in Modell 1 133
Tabelle 4-6: Hypothesentests in Modell 1 135
Tabelle 4-7: Geschätzte Kointegrationsbeziehung in Modell 1 136
Tabelle 4-8: Geschätzte Ladungsparameter in Modell 1 140
Tabelle 4-9: Langfristige Einflüsse der kumulierten Residuen in Modell 1 .. 142
Tabelle 4-10: Langfristige Einflüsse struktureller Schocks in Modell 1 144
Tabelle 4-11: Annahmenüberprüfung in Modell 2 146
Tabelle 4-12: Johansen-Test in Modell 2 147
Tabelle 4-13: Hypothesentests in Modell 2 148
Tabelle 4-14: Geschätzte Kointegrationsbeziehung in Modell 2 150
Tabelle 4-15: Geschätzte Ladungsparameter in Modell 2 152
Tabelle 4-16: Langfristige Einflüsse der kumulierten Residuen in Modell 2 .. 153
Tabelle 4-17: Langfristige Einflüsse struktureller Schocks in Modell 2 155
Tabelle 4-18: Beurteilung der Prognosen 161

ABBILDUNGSVERZEICHNIS

Abbildung 2-1: Entwicklung der nominalen Gesundheitsausgaben 9

Abbildung 2-2: Entwicklung der Gesundheitsausgaben als Anteil am BIP 11

Abbildung 2-3: Gesundheitsausgaben 2007 nach Ausgabenträgern 13

Abbildung 2-4: Gesundheitsausgaben 1992-2007 nach Ausgabenträgern 14

Abbildung 2-5: Gesundheitsausgaben 2007 nach Leistungsarten 15

Abbildung 2-6: Gesundheitsausgaben 2007 nach Einrichtungen 16

Abbildung 2-7: Entwicklung der Altersstruktur 21

Abbildung 2-8: Einflussbereiche der Gesundheitsausgaben 31

Abbildung 3-1: Additiver Ausreißer in einem stationären AR(1)-Prozess 52

Abbildung 3-2: Ausreißer in den Innovationen eines stationären
AR(1)-Prozesses 53

Abbildung 3-3: Zeitreihen mit Strukturbruch 54

Abbildung 3-4: Illustration kointegrierter I(1)-Variablen 73

Abbildung 3-5: Ablauf der Kointegrationsanalyse 110

Abbildung 4-1: Entwicklung der realen Gesundheitsausgaben 122

Abbildung 4-2: Erste Differenz der realen Gesundheitsausgaben 123

Abbildung 4-3: Rekursive Trace-Teststatistik in Modell 1 133

Abbildung 4-4: Tests auf Parameterstabilität in Modell 1 134

Abbildung 4-5: Geschätzte Kointegrationsbeziehung in Modell 1 139

Abbildung 4-6: Rekursive Trace-Teststatistik in Modell 2 147

Abbildung 4-7: Tests auf Parameterstabilität in Modell 2 148

Abbildung 4-8: Geschätzte Kointegrationsbeziehung in Modell 2 151

Abbildung 4-9: Prognosen der Gesundheitsausgaben 160

1   EINLEITUNG

In Anbetracht der in Deutschland stetig steigenden Ausgaben im Gesundheitswesen ist dieses in den letzten Jahrzehnten zunehmend in den Fokus politischen,
gesellschaftlichen, wirtschaftlichen und wissenschaftlichen Interesses gerückt.
Im Jahr 2007 beliefen sich die Gesundheitsausgaben auf rund 252,8 Mrd. Euro.
Verglichen mit 2006 ist ein Ausgabenzuwachs von 3,2% zu verzeichnen.
Gegenüber 1970 sind die Ausgaben für Gesundheit sogar um das elffache
gestiegen.[1]

Diese „Kostenexplosion" – wie die Entwicklung der Gesundheitsausgaben gerne
genannt wird – begründete zahlreiche Kostendämpfungsmaßnahmen. Eine
Reform oder Gesetzesänderung folgte der nächsten. Aktuell und voraussichtlich
bis ins Jahr 2011 wird die Gesundheitsreform 2007 umgesetzt. Die steigenden
Kosten sowie der demografische Alterungsprozess in Deutschland stellen das
Gesundheitswesen insbesondere im Hinblick auf die nachhaltige Finanzierbarkeit vor eine große Herausforderung. Mit der Einführung des Gesundheitsfonds
zum 1. Januar 2009 wurde zudem die Finanzierungsordnung reformiert.

Die ökonomische Bedeutung des Gesundheitssektors wird nicht nur an der
reinen Ausgabenentwicklung deutlich, sondern auch am Anteil der Gesundheitsausgaben an der Wirtschaftsleistung als auch des Stellenwertes dieses Sektors
auf dem Arbeitsmarkt. Im Jahr 2007 erreichten die Gesundheitsausgaben einen
Anteil am Bruttoinlandsprodukt (BIP) von 10,4%, und zum Jahresende 2006
war mit etwa 4,3 Mio. Beschäftigten im Gesundheitswesen fast jeder neunte
Beschäftigte in diesem Sektor tätig.[2]

Die überwiegend negativen Kommentare zum Anstieg der Gesundheitsausgaben
überschatten häufig die durchaus positiven Wirkungen der beschriebenen Entwicklung. Neben den positiven Beschäftigungseffekten sind aus gesundheit-
licher Sicht beispielsweise die höhere durchschnittliche Lebenserwartung sowie

---

[1]   Der Vergleich ist aufgrund von Strukturbrüchen (deutsche Wiedervereinigung und Um-
stellung der Gesundheitsausgabenrechnung) nicht einwandfrei. Um lediglich einen ersten
Eindruck von der grundsätzlichen Entwicklung zu bekommen, ist die Vernachlässigung
der Brüche an dieser Stelle akzeptabel.

[2]   Vgl. Statistisches Bundesamt, 2007b, S. 1159.

die bessere Lebensqualität erfreuliche Resultate steigender Gesundheitsausgaben.

Die Gesundheit des Menschen genießt in unserer Gesellschaft einen hohen Stellenwert. Ein steigendes Gesundheitsbewusstsein sowie ein Wertewandel in Richtung höhere Aktivität und mehr Vitalität – auch im Alter – eröffnen neue wirtschaftliche Möglichkeiten. Das Wachstumspotenzial des so genannten sekundären Gesundheitsmarktes – d. h. der Bereich, der über den klassischen Gesundheitsmarkt hinausgeht – eröffnet erhebliche Potenziale. Die Nachfrage nach Gütern und Dienstleistungen aus den Branchen Ernährung, Wellness, Sport und Freizeit wird weiterhin zunehmen.

Alles in allem darf das wirtschaftliche und gesundheitspolitische Ziel also nicht die reine Kostensenkung sein, sondern muss vielmehr auf eine Effizienzsteigerung im Gesundheitswesen gerichtet sein.

Um dieses anspruchsvolle Ziel zu erreichen, müssen die wesentlichen Einflussgrößen bekannt sein, um an den richtigen „Stellschrauben zu drehen". Gerade im Bereich Gesundheit gibt es eine Fülle an Ausgabentreibern, die mittelbar, z. B. über den Gesundheitszustand, auf die Ausgabensituation wirken.

Steigende Gesundheitsausgaben sowie deren wirtschaftliche und politische Relevanz sind nicht nur in Deutschland sondern auch international zu beobachten. Deshalb ist in den letzten Jahrzehnten auch das empirische Interesse an dem Gesundheitswesen stetig gestiegen.[3] Infolgedessen sind zahlreiche Studien erschienen, die sich aus methodischer Sicht in den vergangenen Jahren weiterentwickelt haben. Beginnend mit Querschnittsuntersuchungen (z. B. Newhouse 1977) sind Zeitreihen- und Paneldatenanalysen in den Vordergrund gerückt. Darauf aufbauend ist die Problematik der Nichtstationarität relevant geworden (einige – insbesondere frühere – Untersuchungen vernachlässigen diesen Aspekt) und damit einhergehend die Frage nach kointegrierten Beziehungen entstanden. Die Kointegrationsanalysen beschränken sich jedoch weitgehend auf

---

[3] Für Übersichten zu empirischen Untersuchungen der Gesundheitsausgaben siehe Productivity Commission (2005) sowie van Elk/Mot/Franses (2009). Neben makroökonomischen Studien existieren diverse Untersuchungen auf mikroökonomischer Datenbasis. Da letztere für die vorliegende Arbeit weniger relevant sind, werden sie nicht näher in Betracht gezogen.

den Zwei-Variablen-Fall (Gesundheitsausgaben und BIP). Weiterhin sind umfassende Untersuchungen der langfristigen Beziehungen selten.

In Bezug auf die Variablenauswahl fällt auf, dass sich die Studien größtenteils auf wenige Einflussfaktoren beschränken. Als Determinanten werden häufig das BIP, die demografischen Größen Lebenserwartung und Kennzahlen der Altersstruktur (z. B. Altenquotient) sowie der medizinisch-technische Fortschritt (gemessen an den Forschungs- und Entwicklungsausgaben oder über die Proxy-Variable Lebenserwartung) gewählt.

Im Rahmen dieser Arbeit werden zunächst wesentliche Einflussgrößen der Gesundheitsausgaben herausgearbeitet, um ein breiteres Spektrum möglicher Determinanten zu erhalten. Anschließend erfolgt auf Basis dieser Überlegungen eine statistisch-ökonometrische Untersuchung der Gesundheitsausgaben in Deutschland. Da nicht zuletzt vor dem Hintergrund der Nachhaltigkeit langfristige Zusammenhänge von Interesse sind, findet die Methode der Kointegrationsanalyse mit ihren weiterführenden Analysemöglichkeiten Anwendung.

Die Arbeit gliedert sich in fünf Teile. Nach dieser kurzen Einführung beschäftigt sich Kapitel 2 mit der ökonomischen Analyse der Gesundheitsausgaben. Hierzu werden zunächst relevante Begriffe abgegrenzt. Die darauf folgende deskriptive Betrachtung der Gesundheitsausgaben stellt sowohl die Entwicklung als auch die Struktur dieser Größe in den Fokus. Anschließend werden mögliche Determinanten der Gesundheitsausgaben hergeleitet.

Das dritte Kapitel widmet sich der theoretischen Darstellung des eingesetzten statistisch-ökonometrischen Instrumentariums. Abgesehen von Grundlagen zur Instationarität von Prozessen und des Kointegrationskonzepts lässt sich dieses Kapitel grob in zwei weitere Themenblöcke einteilen: Integration und Kointegration. Es werden zahlreiche Verfahren zum Testen des Integrationsgrades vorgestellt, wobei – neben klassischen Testverfahren – die Problematik und Berücksichtigung von Ausreißern und Strukturbrüchen explizit behandelt wird. Das Ziel der vorliegenden Arbeit ist u. a. die Abgrenzung bzw. Gegenüberstellung verschiedener populärer Testverfahren. Hintergrund ist, dass Zeitreihen unterschiedliche Eigenschaften (z. B. hinsichtlich Mittelwert, Trend und Strukturbruch) aufweisen, wodurch die Anwendung verschiedenartiger Tests i. d. R.

erforderlich ist. Im Rahmen der Kointegrationsanalyse steht insbesondere der Ansatz von Johansen sowie weiterführende Analyseschritte auf dessen Grundlage im Mittelpunkt der Betrachtung.

Kapitel 4 beinhaltet die eigentliche statistisch-ökonometrische Analyse. Nach einer ausführlichen Beschreibung der Datenbasis folgt die Darstellung der Schätz- und Testergebnisse auf Integration. Hierbei werden die Gesundheitsausgaben als zentrale Größe dieser Arbeit detailliert betrachtet und anschließend die Testresultate der übrigen Variablen kompakt präsentiert. Auf der Grundlage dieses Analyseschrittes folgen umfassende Kointegrationsanalysen und schließlich die Zusammenfassung der wesentlichen Ergebnisse sowie deren Implikationen. Die empirische Untersuchung endet mit Prognosen der Gesundheitsausgaben.

Kapitel 5 enthält Schlussbemerkungen zur vorgelegten Analyse.

2   GESUNDHEITSAUSGABEN

2.1   Begriffsabgrenzungen

Allgemein bestätigte Werturteile wie „die Gesundheit ist des Menschen höchstes Gut" drängen zur Frage: „Was ist Gesundheit?". Eine häufig benutzte Definition ist die der Weltgesundheitsorganisation (WHO) aus dem Jahre 1946. Demgemäß ist *Gesundheit* „a state of complete physical, mental and social well-being and not merely the absence of disease or infirmity"[4]. Unter Gesundheit wird also mehr als nur die Abwesenheit von Krankheit verstanden, nämlich ein Zustand des vollkommenen physischen, geistigen und sozialen Wohlbefindens. Bei der wörtlichen Auslegung der WHO-Definition wäre wohl kaum ein Mensch gesund.

Die Vielzahl insgesamt existierender mehr oder weniger allgemein gehaltener Definitionen zeigt, dass der Begriff „Gesundheit" nicht einfach abgrenzbar ist. Darüber hinaus ist die Beurteilung, ob ein Individuum gesund oder krank ist, häufig subjektiv und richtet sich nicht ausschließlich nach einer formalen Definition.

Fühlt sich ein Individuum nicht gesund, kommt i. d. R. das *Bedürfnis* nach Wiederherstellung der Gesundheit auf. Entscheidet sich die Person auch dafür, gesundheitsfördernde Leistungen in Anspruch zu nehmen, entsteht die Nachfrage – zunächst ganz allgemein – nach Heilung oder Linderung der Beschwerden. Hieraus entwickelt sich dann schließlich eine konkrete *Nachfrage* nach Gesundheitsleistungen. Diese Nachfrage ist häufig durch die Beurteilung des Arztes bedingt, d. h. die Nachfrage ist *anbieterdeterminiert*.[5] Diejenige Nachfragemenge, die medizinisch gesehen ideal ist, wird auch als *Primärnachfrage* bezeichnet.[6]

In diesem Zusammenhang ist die so genannte *angebotsinduzierte Nachfrage* zu nennen. Aufgrund von Informationsasymmetrien (z. B. im Arzt-Patienten-Verhältnis) werden Gesundheitsleistungen empfohlen und in Anspruch

---

[4]   WHO, 2006, S. 1.
[5]   Vgl. Oberender/Hebborn/Zerth, 2006, S. 19-20 und Breyer/Zweifel/Kifmann, 2005, S. 334.
[6]   Vgl. Breyer/Zweifel/Kifmann, 2005, S. 334-335.

genommen, die aus medizinischer Sicht vielleicht nicht notwendig wären; die tatsächliche Nachfrage übersteigt also die Primärnachfrage. Dies ist dann beispielsweise der Fall, wenn Ärzte Leistungen mit dem Ziel, ihre eigene Auslastung und damit ihren wirtschaftlichen Erfolg zu verbessern, empfehlen.[7] Der Patient stellt üblicherweise die empfohlenen Maßnahmen nicht in Frage, da er seinem Arzt vertraut. Außerdem hat der Patient in aller Regel keinerlei Kenntnis über Wirkung und Kosten einzelner Leistungen und zeigt somit eher selten Kostenbewusstsein.

Neben der angebotsinduzierten Nachfrage, die durch die Leistungserbringer (Arzt, Krankenhaus) hervorgerufen wird, existiert auch die *versicherungsinduzierte Nachfrage*.[8] Effekte dieses Phänomens sind der so genannte Freifahrereffekt und der Moral-Hazard-Effekt.

Der *Freifahrereffekt* beschreibt die Tatsache, dass versicherte Personen teilweise Gesundheitsgüter nachfragen können, ohne dass dafür Kosten für sie anfallen. Den Patienten werden also Gesundheitsleistungen zum „Nulltarif" angeboten. Es kann demnach von einer übermäßigen Nachfrage an Gesundheitsleistungen ausgegangen werden, sofern der Grenznutzen positiv ist.

Ändern Individuen nach Abschluss einer Versicherung ihr Verhalten, wird dies als *Moral-Hazard-Effekt* bezeichnet. Eine solche Änderung der Lebens- bzw. Verhaltensweise kann u. U. gerade durch den Abschluss einer Versicherung hervorgerufen werden, da die Individuen hierdurch eine gewisse Absicherung haben bzw. ihnen ein Teil der Sorgen genommen wird. In diesem Fall liegt eine asymmetrische Informationsverteilung dahingehend vor, dass das Versicherungsunternehmen unvollständige Informationen über die (zukünftige) Lebensweise des Versicherten hat.

Es wird deutlich, dass die mangelnde Entgeltrelevanz individueller Risiken sowie die wenig ausgeprägte Kostenbeteiligung der Versicherten im Gesundheitssystem insgesamt Anreize zur übermäßigen Inanspruchnahme von Gesund-

[7] Vgl. Breyer/Zweifel/Kifmann, 2005, S. 334. Für eine ausführliche Darstellung zur angebotsinduzierten Nachfrage siehe z. B. Breyer/Zweifel/Kifmann, 2005, S. 334-337.
[8] Zur versicherungsinduzierten Nachfrage siehe ausführlich z. B. Oberender/Hebborn/Zerth, 2006, S. 53-54.

heitsleistungen geben und somit das Gesundheitswesen potenziell mit höheren Kosten als notwendig belasten. Dieser Tatbestand schlägt sich auch in den Gesundheitsausgaben nieder.

Gesundheitsausgaben sind allgemein finanzielle Aufwendungen für den Erhalt und die Wiederherstellung der Gesundheit. Diese Ausgaben werden in Deutschland im Rahmen der Gesundheitsausgabenrechnung ausgewiesen. Hierbei ist zu beachten, dass sich in den 1990er Jahren methodische und definitorische Änderungen ergeben haben. Zur Begriffsabgrenzung der „neuen" Gesundheitsausgabenrechnung bildet die Definition der Organisation für wirtschaftliche Zusammenarbeit und Entwicklung (OECD) die Grundlage. Danach zählen zu den *Gesundheitsausgaben* „alle Ausgaben für Aktivitäten oder Güter, die von Einrichtungen und Individuen durchgeführt oder bereit gestellt werden, und die dabei medizinisches, hilfs-medizinisches oder pflegerisches Wissen oder die dafür erforderlichen Technologien anwenden"[9]. Darüber hinaus wird vorausgesetzt, dass mit den Ausgaben bestimmte gesundheitsfördernde Ziele verfolgt werden,[10] so dass in Deutschland „sämtliche Güter und Leistungen mit dem Ziel der Prävention, Behandlung, Rehabilitation und Pflege, die Kosten für Verwaltung sowie Investitionen der Einrichtungen des Gesundheitswesens"[11] in den Bereich der Gesundheitsausgaben fallen. Die Erfassung der Gesundheitsausgaben beschränkt sich jedoch auf die Ausgaben des „letzten Verbrauchs" und die Investitionen in stationäre Gesundheitseinrichtungen.[12] Demnach werden beispielsweise die Forschungs- und Entwicklungsausgaben der Pharmaindustrie nicht direkt in den Gesundheitsausgaben einbezogen; allerdings spiegeln sie sich indirekt z. B. in den Preisen der Arzneimittel wider.

Verglichen mit der alten Ausgabenrechnung werden bei der neuen Berechnung beispielsweise nicht mehr die Einkommensleistungen (wie die Entgeltfortzahlung im Krankheitsfall) zu den Gesundheitsausgaben hinzugerechnet. Diese und andere Leistungen fallen nun in den „erweiterten Leistungsbereich des Gesundheitswesens". Auch die Darstellungsdimensionen haben sich geändert.

---

[9] Statistisches Bundesamt, 2004, S. 6.
[10] Vgl. hierzu Statistisches Bundesamt, 2004, S. 6.
[11] Statistisches Bundesamt, 2008d, S. 375.
[12] Vgl. Statistisches Bundesamt, 2006c, S. 4.

Von den ursprünglich drei Kategorien Ausgabenträger, Leistungsarten und Ausgabenarten wurde letztere durch die Dimension Einrichtungen ersetzt.[13]

Die Gesundheitsausgaben können somit in unterschiedlicher Form aufbereitet und abgebildet werden. Zu den *Ausgabenträgern* zählen die privaten und öffentlichen Haushalte, einzelne Pfeiler der Sozialversicherung, die private Krankenversicherung, die Arbeitgeber sowie private Organisationen ohne Erwerbszweck (z. B. Kirchen). Ausprägungen der Dimension *Leistungsarten* sind beispielsweise Prävention / Gesundheitsschutz, ärztliche Leistungen, Waren oder auch Verwaltungsleistungen. Bei den *Ausgabenarten* unterscheidet man nach Klassifikationen wie Sachleistungen, laufende Zuschüsse und Personalausgaben. Die Einteilung nach *Einrichtungen* umfasst u. a. die Rubriken Gesundheitsschutz, ambulante bzw. stationäre und teilstationäre Gesundheitsversorgung sowie Krankentransporte / Rettungsdienste.[14]

Die *Finanzierung der Gesundheitsausgaben* tragen letztlich nur drei Akteure: die öffentlichen Haushalte, die öffentlichen und privaten Arbeitgeber sowie die privaten Haushalte und die privaten Organisationen ohne Erwerbszweck.[15] Diese so genannten „primären Finanzierer" kommen in Form von Beiträgen und Zuschüssen, direkt wie indirekt, für die gesamten Ausgaben auf. Die Sozialversicherungsträger und die private Krankenversicherung üben somit aus der Finanzierungsperspektive lediglich eine Mittlerfunktion aus, indem sie die „Gelder" an die Leistungserbringer weiterleiten.

2.2 Entwicklung und Struktur

Die Ausgaben des Gesundheitswesens sind in den letzten Jahrzehnten – mit wenigen Ausnahmen – kontinuierlich und rasant gestiegen. Nicht zuletzt aus diesem Grund wird häufig von einer „Kostenexplosion" im Gesundheitswesen gesprochen. Abbildung 2-1 zeigt die Entwicklung der nominalen Ausgaben für Gesundheit von 1970 bis 2007. Der zeitliche Verlauf der Gesundheitsausgaben ist durch zwei Strukturbrüche gekennzeichnet (in Abb. 2-1 durch ■ markiert):

---

[13] Für die Unterschiede zwischen der alten und der neuen Gesundheitsausgabenrechnung siehe z. B. Statistisches Bundesamt, 2001b, S. 15-16.

[14] Für eine detaillierte Darstellung der Klassifikationen siehe Statistisches Bundesamt, 2001b, S. 34-36 sowie Statistisches Bundesamt, 2001a, S. 5.

[15] Vgl. Robert Koch-Institut, 2006, S. 193.

1991 durch den Übergang von westdeutsche auf gesamtdeutsche Daten und 1999 durch den Wechsel von der alten zur neuen Gesundheitsausgaben-rechnung.[16]

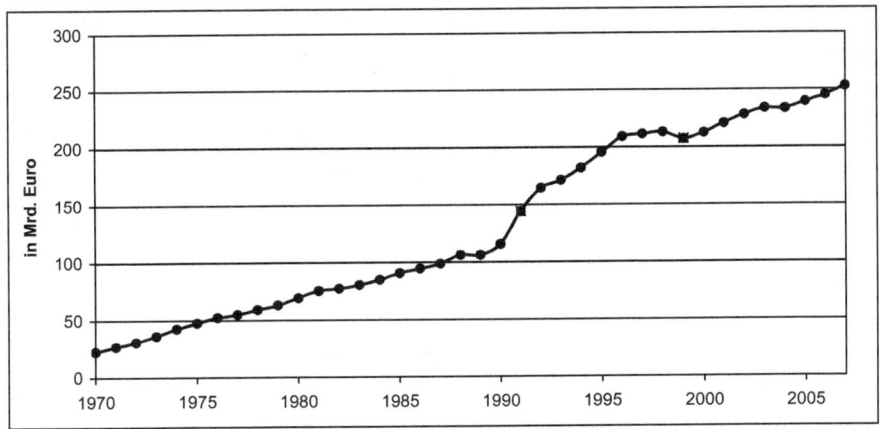

Abbildung 2-1: Entwicklung der nominalen Gesundheitsausgaben
(1970-1990: Früheres Bundesgebiet, 1991-2007: Gesamtdeutschland,
ab 1999 neue Gesundheitsausgabenrechnung)
Quelle: Statistisches Bundesamt, eigene Darstellung

Während sich die Ausgaben für Gesundheit im Jahr 1970 auf rund 23 Mrd. Euro beliefen, wurden 2007 rund 253 Mrd. Euro, also das elffache, für die „Gesundheit" aufgewendet. Sicherlich „hinkt" der Vergleich aufgrund der bereits erwähnten Strukturbrüche, jedoch ist eine signifikant steigende Ausgabenentwicklung nicht von der Hand zu weisen. Die Jahre, in denen das Wachstum – jeweils verglichen mit dem Vorjahr – niedriger ausfällt, sind größtenteils „Jahre einer Reform bzw. Gesetzesänderung".[17] Allgemein kann festgehalten werden, dass ab Mitte der 1970er Jahre das Gesundheitssystem in Deutschland mit zahlreichen Reformen und Gesetzesänderungen überzogen wurde. Diese politischen Maßnahmen schlagen sich fast immer – mehr oder weniger stark – kurzfristig in der Ausgabenentwicklung nieder, eine nachhaltige Wirkung ist allerdings nicht ersichtlich.

---

[16] Für die Jahre 1970 bis einschließlich 1998 sind die Daten der alten Gesundheitsausgabenrechnung abzüglich der Einkommensleistungen abgebildet. Somit fallen die Abweichungen zwischen alter und neuer Ausgabenrechnung wesentlich geringer aus.

[17] Für eine Darstellung der Reformen und Gesetzesänderungen im Gesundheitswesen in Deutschland siehe z. B. Busse/Riesberg, 2005, S. 14-33 und S. 219-242.

In Anbetracht der Ausgabenentwicklung und bei gleichzeitiger Zielsetzung weitgehender Beitragssatzstabilität rückte das Prinzip der Kostendämpfung in den gesundheitspolitischen Vordergrund. Ein Umdenken zu einer einnahmenorientierten Ausgabenpolitik wurde erforderlich. Infolgedessen traten 1977 und 1982 Kostendämpfungsgesetzte in Kraft, die zunächst eine Abschwächung des Ausgabenwachstums zur Folge hatten, die jedoch nur von kurzer Dauer waren. Diese Gesetze zielten z. B. auf die Erhöhung von Zuzahlungen bei Arzneimitteln und das Verlangen nach einer Preisvergleichsliste für Arzneimittel, um Ärzte zu einem effizienten Verschreibungsverhalten zu bewegen. Das Gesundheitsreformgesetz von 1989 ging zwar im Jahr des In-Kraft-Tretens mit einem „Nullwachstum" einher, hatte aber keinerlei positiven Ausgabeneffekte auf die Folgejahre.

Im Zuge der deutschen Wiedervereinigung sind die Ausgaben Anfang der 1990er Jahre nicht nur aufgrund der geografischen Erweiterung enorm gestiegen, sondern auch wegen des Nachholbedarfs in den neuen Ländern. Insgesamt war das Gesundheitssystem in den 1990er Jahren einer regelrechten „Reformflut" ausgesetzt. Auch mit dem In-Kraft-Treten des Gesundheitsstrukturgesetzes 1993 war zumindest kurzfristig eine Abschwächung der Steigerungsrate zu beobachten. Die stufenweise Einführung der sozialen Pflegeversicherung als fünfte Säule der Sozialversicherung übt seit 1995 starken Einfluss auf die Gesundheitsausgaben aus. Der hierdurch gestiegene Leistungsumfang führte allein in 1995 und 1996 zu einem beachtlichen Anstieg der Ausgaben um jeweils 13 Mrd. Euro auf etwa 196 Mrd. Euro bzw. 209 Mrd. Euro. Um diesen Zuwächsen entgegenzuwirken, wurden 1997 mit dem Beitragsentlastungsgesetz und den Neuordnungsgesetzen weitere Kostendämpfungsmaßnahmen ergriffen, die tatsächlich in den Jahren 1997 und 1998 eine deutliche Abmilderung des Ausgabenwachstums zur Folge hatten. Der „Sprung" zwischen den Jahren 1998 und 1999 liegt hauptsächlich im Übergang zur neuen Gesundheitsausgabenrechnung begründet.

Seit 2000 sind Wachstumsraten unter 4% jährlich zu verbuchen. Politische Maßnahmen wurden in diesen Jahren insbesondere im Rahmen der Gesundheitsreformen 2000 und 2007 sowie des Gesundheitsmodernisierungsgesetzes 2004 ergriffen. Für das Jahr 2004 ist ein minimaler Rückgang der Gesundheitsausgaben festzuhalten. Neuerungen bzw. Änderungen in diesem Jahr waren u. a. die

Einführung der Praxisgebühr von zehn Euro pro Quartal und die Streichung bzw. Kürzung von Leistungen aus dem Leistungskatalog der gesetzlichen Krankenversicherung (z. B. Fahrtkosten, Brillen, nicht verschreibungspflichtige Medikamente).[18]

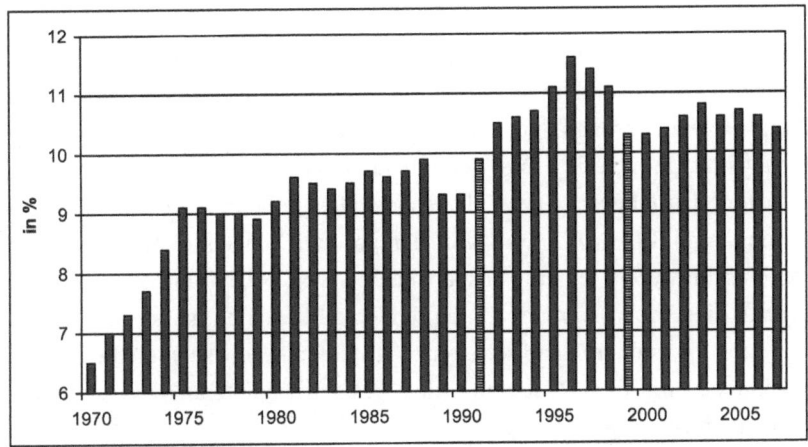

Abbildung 2-2:   Entwicklung der Gesundheitsausgaben als Anteil am BIP
(1970-1990: Früheres Bundesgebiet, 1991-2007: Gesamtdeutschland,
ab 1999 neue Gesundheitsausgabenrechnung)
Quelle: Statistisches Bundesamt, eigene Darstellung

Die Abbildung 2-2 (die Strukturbrüche in den Jahren 1991 und 1999 sind wieder markiert) verdeutlicht die zunehmende volkswirtschaftliche Bedeutung des Gesundheitswesens in Deutschland. Im betrachteten Zeitraum sind die Gesundheitsausgaben als Anteil am BIP beträchtlich gestiegen, von 6,5% im Jahre 1970 auf 10,4% in 2007.[19] Damit ist das Wachstum der Gesundheitsausgaben insgesamt stärker ausgefallen als das der Wirtschaftleistung, wobei die Gründe für diesen Trend sowohl in den überproportional steigenden Gesundheitsausgaben als auch in dem mäßigen BIP-Wachstum zu sehen sind. Die in mehreren Jahren zu beobachtenden gegenläufigen Entwicklungen können somit zwei Ursachen haben: Entweder die Ausgabensteigerung im Gesundheitswesen ist sehr niedrig, wenn nicht sogar negativ ausgefallen, oder die Wirtschaftsleistung konnte verhältnismäßig stark zulegen. Die folgenden zwei Beispiele sollen diesen

---

[18]   Vgl. hierzu Busse/Riesberg, 2005, S. 234-238.
[19]   Beim Vergleich dieser Zahlen sind auch hier die Strukturbrüche in 1991 und 1999 zu berücksichtigen.

Sachverhalt veranschaulichen: Das Wirtschaftwachstum fiel 1979 relativ hoch aus, wodurch trotz der Ausgabensteigerung der Anteil der Gesundheitsausgaben am BIP gesunken ist. Dagegen ist der starke Rückgang des Ausgabenanteils am BIP im Jahr 1989 hauptsächlich in den stagnierenden Gesundheitsausgaben in diesem Jahr begründet.

Nicht nur die generelle Ausgabensteigerung ist Anstoß für die vielen Reformen im Gesundheitswesen, sondern auch die Tatsache, dass insbesondere die gesetzliche Krankenversicherung durch die gestiegenen Gesundheitsausgaben in Finanzierungsnot geraten ist. Die gesetzliche Krankenversicherung stellt den bedeutsamsten Ausgabenträger im deutschen Gesundheitswesen dar. Im Jahr 2007 wurden rund 145 Mrd. Euro von der gesetzlichen Krankenversicherung getragen, dies entspricht einem Ausgabenanteil von 57,5% an den gesamten Ausgaben. In diesem Zusammenhang ist jedoch zu beachten, dass aufgrund des Bestehens der Versicherungspflichtgrenze für den Wechsel in die private Krankenversicherung die Bedeutung der gesetzlichen Krankenversicherung „künstlich" hoch ist.

Abbildung 2-3 zeigt die Aufgliederung der Gesundheitsausgaben nach Ausgabenträgern für das Jahr 2007.[20] Es ist ersichtlich, dass die privaten Haushalte und die privaten Organisationen ohne Erwerbszweck zusammen mit einem Ausgabenanteil von 13,5% die zweitgrößte Trägergruppe sind, gefolgt von der privaten Krankenversicherung (9,3%) und der sozialen Pflegeversicherung (7,3%). Der Anteil der öffentlichen Haushalte belief sich 2007 auf 5,2% der Gesamtausgaben. Die Kategorie „Sonstige" umfasst die Arbeitgeber sowie die gesetzliche Renten- und Unfallversicherung. Diese Ausgabenträger übernehmen die restlichen 7,3% mit Anteilen von 4,2%, 1,5% bzw. 1,6%.

Die Ausgabenanteile der jeweiligen Trägergruppe haben sich im Laufe der Zeit nicht zuletzt aufgrund der Reformen und Gesetzesänderungen mehr oder weniger verschoben. Betrachtet man den Zeitraum 1992 bis 2007 (siehe Abb. 2-4)[21] sind die öffentlichen Haushalte wohl die „Gewinner" und die

---

[20] Tiefer gegliederte Ergebnisse können der Internetseite der Gesundheitsberichterstattung des Bundes (www.gbe-bund.de) entnommen werden.

[21] Aus Gründen der Vergleichbarkeit werden ausschließlich die Daten der neuen Gesundheitsausgabenrechnung betrachtet. Da diese erst ab 1992 zur Verfügung stehen, beschränkt sich der Beobachtungszeitraum auf 1992-2007.

privaten Haushalte und privaten Organisationen ohne Erwerbszweck die „Verlierer" dieser Entwicklung.

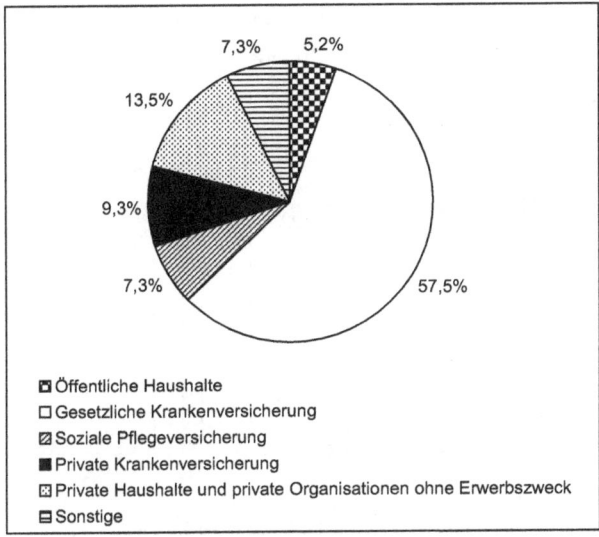

Abbildung 2-3: Gesundheitsausgaben 2007 nach Ausgabenträgern
Quelle: Statistisches Bundesamt, eigene Darstellung

Der Abbildung 2-4 kann darüber hinaus entnommen werden, dass die gesetzliche Krankenversicherung traditionell das Gros der Gesundheitsausgaben in Deutschland trägt. Über die Jahre 1992 bis 2007 entfielen durchschnittlich 59% auf diese Trägergruppe. Der Anteil der gesetzlichen Krankenversicherung lag 2007 fünf Prozentpunkte niedriger als im Jahre 1992. Der Bedeutungsrückgang der gesetzlichen Krankenversicherung würde stärker ausfallen, wenn der Abschluss einer privaten Krankenversicherung durch den Wegfall der Versicherungspflichtgrenze für jedermann möglich wäre. Der Ausgabenanteil der öffentlichen Haushalte ist im betrachteten Zeitraum deutlich gesunken, von 11,2% im Jahr 1992 auf 5,2% im Jahr 2007. Der Grund hierfür liegt in der Einführung der sozialen Pflegeversicherung, die insbesondere die öffentlichen Haushalte entlastet. Nachdem die Pflegeversicherung stufenweise in den Jahren 1995 (ambulante Pflegeleistungen) und 1996 (stationäre Pflegeleistungen) eingeführt wurde, hat sich deren Anteil an den Gesundheitsausgaben auf ca. 8% eingependelt. Die private Krankenversicherung hat über die Jahre einen minimalen Anstieg zu verzeichnen (plus 2 Prozentpunkte), Tendenz steigend. Auch für die privaten Haushalte und privaten Organisationen ohne Erwerbszweck ist im Zeitverlauf ein Ausgabenzuwachs zu beobachten; ihr Anteil stieg verglichen mit 1992 um mehr als drei Prozentpunkte auf 13,5% im Jahr 2007. Der Anteil der sonstigen Ausgabenträger (gesetzliche Renten- und Unfallversicherung, Arbeitgeber) hält sich über den betrachteten Zeitraum stabil bei rund 8%.

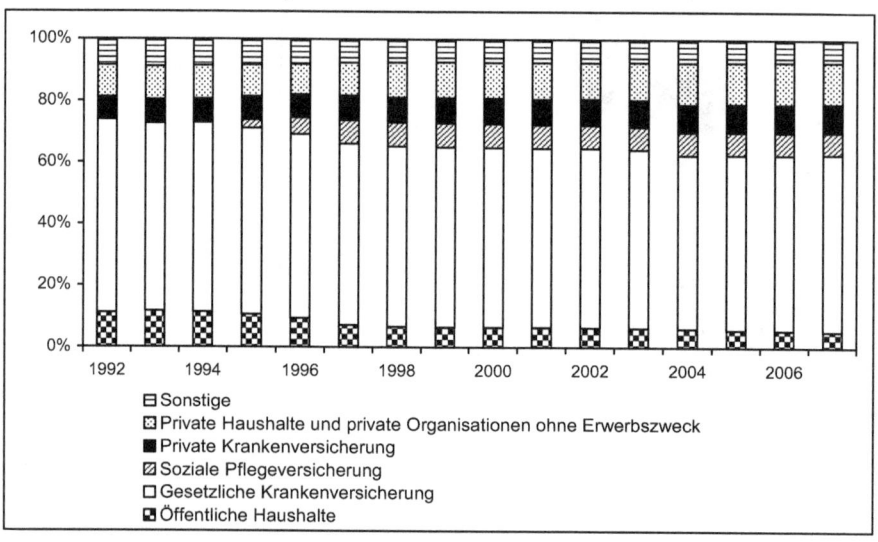

Abbildung 2-4:   Gesundheitsausgaben 1992-2007 nach Ausgabenträgern
Quelle: Statistisches Bundesamt, eigene Darstellung

Abbildung 2-5 stellt die Gesundheitsausgaben, aufgegliedert nach Leistungsarten, dar.[22] Im Jahr 2007 fielen über die Hälfte der Gesundheitsausgaben für ärztliche, pflegerische und therapeutische Leistungen an. Darüber hinaus wurde ein gutes Viertel der Ausgaben für Waren (z. B. Arznei- und Hilfsmittel) aufgewendet. Der Einzelposten „Arzneimittel" nimmt hierbei mit Abstand die größte Position ein. Zahlreiche Reformen haben in der Vergangenheit darauf gezielt, die Ausgaben für Arzneimittel zu senken.[23] Die Bilanz ist negativ: Verglichen mit 1992 sind sie um über 60% auf rund 42 Mrd. Euro gestiegen. 4% der Gesundheitsausgaben entfielen auf Prävention und Gesundheitsschutz. Weitere 7,4% waren für Unterkunft und Verpflegung notwendig. Die Kategorie

---

[22]   Tiefer gegliederte Ergebnisse können der Internetseite der Gesundheitsberichterstattung des Bundes (www.gbe-bund.de) entnommen werden.

[23]   Vgl. Robert Koch-Institut, 2006, S. 190.

„Sonstige" (10,4%) umfasst die Ausgaben für Investitionen, Transporte und Verwaltungsleistungen.

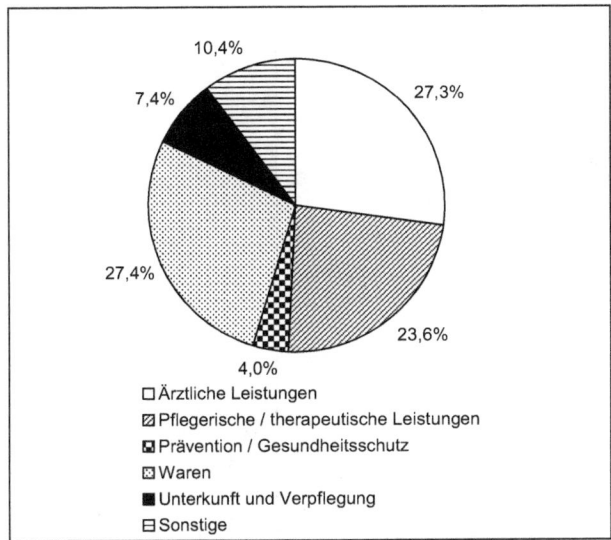

Abbildung 2-5: Gesundheitsausgaben 2007 nach Leistungsarten
Quelle: Statistisches Bundesamt, eigene Darstellung

Die Struktur der gesamten Gesundheitsausgaben nach Leistungsarten ist über die letzten Jahre annähernd konstant geblieben, weshalb auf eine grafische Abbildung der zeitlichen Entwicklung verzichtet wird.

Der Löwenanteil der Ausgaben für Gesundheit wird in den ambulanten und stationären bzw. teilstationären Einrichtungen verursacht. Wie in Abbildung 2-6 dargestellt,[24] lagen die Anteile dieser Einrichtungen 2007 bei 49,2% bzw. 36,3%, wobei über ein Viertel der gesamten Ausgaben in den Krankenhäusern anfällt. Die Arztpraxen und Apotheken kommen zusammen auf etwa den gleichen Anteil wie die Krankenhäuser, so dass mehr als die Hälfte der Gesundheitsausgaben in den Krankenhäusern, Arztpraxen und Apotheken ihren Ursprung haben. Die Verwaltung schlug mit rund 6% der Gesundheitsausgaben zu

---

[24] Tiefer gegliederte Ergebnisse können der Internetseite der Gesundheitsberichterstattung des Bundes (www.gbe-bund.de) entnommen werden.

Buche. Auf das „Konto" der sonstigen Einrichtungen (u. a. Rettungsdienste, private Haushalte und Ausland) gingen 2007 knapp 9%.

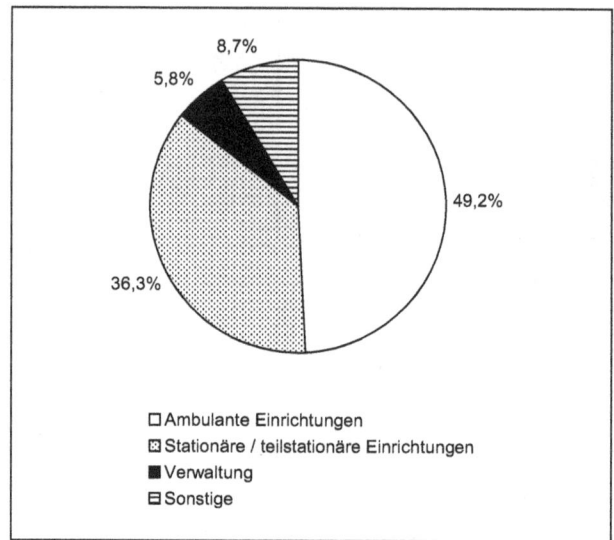

8,7%
5,8%
49,2%
36,3%

□ Ambulante Einrichtungen
☒ Stationäre / teilstationäre Einrichtungen
■ Verwaltung
⊟ Sonstige

Abbildung 2-6:   Gesundheitsausgaben 2007 nach Einrichtungen
Quelle: Statistisches Bundesamt, eigene Darstellung

Wie bei den Leistungsarten haben sich hinsichtlich der Ausgabenanteile der einzelnen Einrichtungen entlang der Zeitachse keine bedeutsamen Veränderungen ergeben. Deshalb ist auch hier die zeitliche Entwicklung grafisch entbehrlich.

Im Rahmen der Gesundheitsberichterstattung wird seit dem Jahre 1999 auf die Dokumentation der Gesundheitsausgaben nach Ausgabenarten verzichtet. Eine entsprechende Aufgliederung der Ausgaben ist folglich nicht darstellbar.

2.3   Einflussgrößen

Der stetige Anstieg der Gesundheitsausgaben hat zahlreiche verschiedenartige Ursachen. Die hier herauszuarbeitenden Determinanten der Gesundheitsausgaben basieren größtenteils – mangels fundierter ökonomischer Theorie – auf Plausibilitätsüberlegungen.

Preissteigerungen und Qualitätsverbesserungen der Gesundheitsleistungen sind maßgeblich für die Ausgabenerhöhung verantwortlich. Insbesondere der medizinisch-technische Fortschritt hat enorme Zuwächse der Gesundheitsausgaben zur Folge,[25] denn hierdurch werden neuere, aber i. d. R. auch teurere medizinische Möglichkeiten eröffnet. Innovationen, die die Wirtschaftlichkeit erhöhen, mithin bei gegebenem Input das „Ergebnis verbessern" bzw. für ein gegebenes Ziel den Faktoreinsatz reduzieren, sind im Gesundheitsbereich eher selten.[26] Vielmehr liegt das Interesse in der Entwicklung neuer Technologien, um vermehrt Krankheiten diagnostizieren und therapieren zu können. Solche medizinisch-technischen Fortschritte sind fast immer mit Kostensteigerungen verbunden.[27] In den letzten Jahrzehnten sind die Aufwendungen für die Forschung und Entwicklung im Bereich Gesundheit und Medizin beachtlich von rund 88 Mio. Euro in 1975 auf 537 Mio. Euro im Jahr 2006 gestiegen.[28] Im gleichen Zeitraum hat die Zahl der veröffentlichten Patentanmeldungen in der Klasse „Medizin, Tiermedizin, Hygiene" von 1478 auf 2180 zugelegt.[29] Steigende Medikamentenpreise sind ebenfalls Folgen des medizinischen Fortschritts. Um dem Trend steigender, ohnehin schon hoher Arzneimittelpreise entgegenzuwirken, wurde im Rahmen der Gesundheitsreform 2007 die Durchführung von Kosten-Nutzen-Analysen für neue, patentgeschützte Arzneimittel gesetzlich vorgeschrieben. Die Bewertung von Kosten und Nutzen bzw. die Gegenüberstellung dieser Größen lässt Aussagen über die Wirtschaftlichkeit der bewerteten Arzneimittel zu.

Der Zuwachs der Gesundheitsausgaben liegt auch in der Erweiterung des Leistungskatalogs der gesetzlichen Krankenversicherung begründet. Jüngst ist z. B. die Aufnahme von medizinisch gebotenen Schutzimpfungen zu den Pflichtleistungen im Jahre 2007 zu nennen. Ferner wurde durch die Einführung der Pflegeversicherung einerseits der Leistungsbereich erweitert und andererseits zusätzliches Pflegepersonal notwendig. Weil der Gesundheitsbereich ein

---

[25] Vgl. Robert Koch-Institut, 2006, S. 185.
[26] Vgl. Oberender/Hebborn/Zerth, 2006, S. 57.
[27] Vgl. Oberender/Hebborn/Zerth, 2006, S. 57.
[28] Diese, vom Bundesministerium für Forschung und Entwicklung veröffentlichten Angaben beziehen sich auf die Forschungs- und Entwicklungsausgaben des Bundes für den Förderbereich G „Gesundheit und Medizin".
[29] Die Daten können über das Recherchesystem DEPATISnet des Deutschen Patent- und Markenamtes online abgerufen werden.

sehr arbeitsintensiver Sektor ist, haben die Personalkosten einen wesentlichen Anteil an den Gesundheitsausgaben.

Weiterhin spielen das Angebot und die Nachfrage von Gesundheitsleistungen eine erhebliche Rolle für die Ausgabenentwicklung. Veränderungen im Angebots- und Nachfrageverhalten werden nicht zuletzt durch gesetzliche Änderungen und Reformen hervorgerufen. In Kapitel 2.2 wurde bereits erwähnt, dass rund ein Viertel der Gesundheitsausgaben in den Krankenhäusern anfällt. Sowohl die quantitative Bedeutung des Krankenhaussektors als auch der häufig unwirtschaftliche Betrieb sind Gründe, warum dieser Sektor bei Fragen der Wirtschaftlichkeit im Gesundheitswesen eine zentrale Rolle einnimmt. Im Rahmen des Gesundheitsstrukturgesetzes von 1993 wurde u. a. eine neue Finanzierungsform der Krankenhäuser eingeführt. Die Auswirkungen hinsichtlich der Bettenkapazität und der Verweildauer der Patienten in Krankenhäusern sind beachtlich. Die Einführung von Fallpauschalen, dies ist die Abgeltung einer ärztlichen Leistung durch einen entsprechend im Voraus vereinbarten Pauschalbetrag, unabhängig von den tatsächlich anfallenden Kosten,[30] hat wahrscheinlich ebenfalls Einfluss auf die Liegezeiten der Patienten. Die durchschnittliche Verweildauer[31] ist von 12,5 Tagen im Jahre 1993 auf 8,5 Tage in 2006 gesunken. Diese Entwicklung ist möglicherweise ein Indiz für eine angebotsinduzierte Nachfrage in der Vergangenheit, um die Auslastung der Krankenhäuser zu erhöhen. Da der rückläufige Trend nicht erst seit Anfang der 1990er Jahre zu beobachten ist, könnten auch neue und verbesserte Behandlungsformen für die kürzeren Liegezeiten mit verantwortlich sein. Im Jahr 1970 haben die Patienten durchschnittlich noch 24,6 Tage in vollstationärer Behandlung im Krankenhaus verbracht. Der Rückgang der Verweildauer hat trotz insgesamt steigender Behandlungsfälle einen Bettenabbau in den Krankenhäusern hervorgerufen. Verglichen mit dem Jahr 1993 lag die Bettenzahl 2006 um 117.891 Betten niedriger. Demnach ist der Bettenumschlag[32] – gemessen an der Patientenzahl pro Bett – von 15 im Jahr 1970, über 24 im Jahr 1993 auf 33

---

[30] Vgl. Oberender/Hebborn/Zerth, 2006, S. 218-219.

[31] Die durchschnittliche Verweildauer gibt an, wie viele Tage ein Patient durchschnittlich in vollstationärer Behandlung verbracht hat. Vgl. Statistisches Bundesamt, 2008c, S. 241.

[32] Der jährliche Bettenumschlag ergibt sich aus der Division der gesamten Patientenfallzahl durch die Anzahl aufgestellter Betten.

Patienten je Bett im Jahr 2006 stark gestiegen. Die Bettenauslastung[33] als ein Maß des Nutzungsgrades ist dagegen im gleichen Zeitraum von knapp 87% (1970) über rund 83% (1993) auf ca. 76% (2006) gefallen. Neben dem materiellen Ressourcenabbau entwickelt sich ebenfalls die Anzahl des Krankenhauspersonals leicht rückläufig; das Personal pro Bett ist aber, bedingt durch den Bettenabbau, weiter gestiegen. Trotz dieser Entwicklungen im Krankenhaussektor ist dessen Anteil an den gesamten Gesundheitsausgaben über die letzten Jahre nahezu unverändert geblieben.

Die These der angebotsinduzierten Nachfrage – wie in Kapitel 2.1 dargestellt – besagt, dass mit zusätzlichem Angebot, z. B. in Form einer höheren Ärztedichte, die Nachfrage nach Gesundheitsleistungen über das notwendige Maß hinaus steigt. In Deutschland ist eine hohe positive Korrelation zwischen der Zahl der Ärzte und der Inanspruchnahme ärztlicher Leistungen (gemessen an den entsprechenden Ausgaben) zu verzeichnen. Der Korrelationskoeffizient für den Zeitraum 1992 bis 2006 nimmt einen Wert von 0,99 an. Die Vermutung, dass in Deutschland eine angebotsinduzierte Nachfrage das Gesundheitswesen übermäßig belastet, liegt also auch hier nahe. Im Jahr 1970 kamen laut Angaben der Bundesärztekammer 16,2 Ärzte auf 10.000 Einwohner, im Jahr 2006 waren es mit 37,7 Ärzten pro 10.000 Einwohner mehr als doppelt so viele.[34] Die generelle Entwicklung zeigt nicht nur eine steigende Zahl an Ärzten, auch die Zahnarzt- und Facharztdichte nimmt zu.[35] Auch wenn die Inanspruchnahme medizinischer Leistungen ebenfalls steigt, muss dies nicht zwingend in einer angebotsinduzierten Nachfrage begründet liegen. Es könnte z. B. auch der Fall sein, dass ein permanenter Nachfrageüberhang herrscht, der bei steigender Ärztezahl nun zunehmend bedient werden kann.[36]

Trotz der dargestellten Möglichkeiten bzw. Anreize zur angebotsinduzierten Nachfrage wird die Nachfrage von Gesundheitsleistungen wohl in erster Linie durch den Gesundheitszustand der Bevölkerung bestimmt. Als Indikator für die gesundheitliche Lage einer Bevölkerung wird häufig die Lebenserwartung herangezogen. Betrachtet man lediglich die „nackte" Zahl, dann ist eine Ver-

---

[33] Die durchschnittliche Bettenauslastung bzw. Belegungsquote setzt die tatsächliche mit der maximalen Bettenbelegung ins Verhältnis. Vgl. Statistisches Bundesamt, 2008c, S. 241.

[34] Vgl. BKK Bundesverband, 2007, S. 2.

[35] Vgl. Robert Koch-Institut, 2006, S. 148 und S. 153.

[36] Vgl. Breyer/Zweifel/Kifmann, 2005, S. 345-346.

besserung der Gesundheit in Deutschland zu vermuten: Während die durchschnittliche Lebenserwartung[37] im Jahre 1970 noch 70,6 Jahre betrug, lag sie 2006 bei 79,8 Jahren, also ca. 9 Jahre höher. Ausschlaggebend für diesen grundsätzlichen Zugewinn an Lebensjahren ist u. a. der medizinisch-technische Fortschritt. Durch die Entwicklung neuer Technologien können Krankheiten (früher) diagnostiziert, besser behandelt bzw. therapiert und bestenfalls sogar geheilt werden.

Ob die längere Lebensdauer in Gesundheit verbracht wird, ist anhand der Kennziffer „durchschnittliche Lebenserwartung" nicht ersichtlich. Jüngere Ansätze zielen darauf ab, die Lebensqualität mit einzubeziehen, so dass Jahre mit Beschwerden anteilig oder gänzlich von der Lebenserwartung abgezogen werden. Beispielhaft sollen folgende Konzepte genannt werden: quality-adjusted life years (QALY), health-adjusted life expectancy (HALE) und disability-adjusted life years (DALY).[38]

Weitere Kennzahlen stammen aus dem Bereich der Mortalität; oft wird hier die Säuglingssterblichkeit verwendet. Diese Rate gibt die Anzahl der innerhalb des ersten Lebensjahres verstorbenen Kinder pro 1.000 Lebendgeborene an.[39] Die Säuglingssterblichkeit ist in den letzten Jahrzehnten deutlich gesunken, von 22,5 im Jahr 1970 auf 3,8 im Jahr 2006. Diese positive Entwicklung ist ein Indiz für eine bessere medizinische Versorgung.

Die Mitgliedstaaten der OECD und der WHO haben sich darauf verständigt, dass das Versterben einer Person vor dem 70. Lebensjahr als ungewöhnlich anzusehen ist.[40] Vorzeitige Todesfälle gehen demnach mit verlorenen Lebensjahren einher. Der Indikator „potenziell verlorene Lebensjahre" misst bei frühzeitigem Versterben die Differenz zwischen dem Sterbealter und dem 70. Lebensjahr. Diese verlorenen Lebensjahre werden pro 100.000 Einwohner angegeben. In Deutschland zählen Krebsleiden, Erkrankungen des Herz-Kreis-

---

[37] Die durchschnittliche Lebenserwartung gibt an, wie viele Jahre ein neugeborenes Kind unter Annahme der gegenwärtigen Sterblichkeitsverhältnisse voraussichtlich im Mittel leben könnte. Vgl. Statistisches Bundesamt, 2006a, S. 65. Es sei darauf hingewiesen, dass signifikante Unterschiede zwischen den Geschlechtern bestehen; Frauen werden im Schnitt älter als Männer.

[38] Vgl. hierzu ausführlich z. B. Schöffski/Schulenburg, 2000, S. 367-399.

[39] Vgl. Statistisches Bundesamt, 2008a, S. iii.

[40] Vgl. Robert Koch-Institut, 2006, S. 66.

lauf-Systems sowie äußere Einwirkungen (z. B. Unfall, Suizid) zu den drei häufigsten Ursachen für einen vorzeitigen Tod.[41] Während das Krebsleiden die Ursachenstatistik bei den Todesfällen unter 70 Jahren anführt, sind es die Herz-Kreislauf-Erkrankungen in der gesamten Todesursachenstatistik. Erfreulich ist anzumerken, dass in den letzten Jahren ein Rückgang der Sterblichkeitsraten bei Herzinfarkt und Schlaganfall beobachtet werden kann, und die Überlebens-chance bei Krebsleiden in den letzten Jahrzehnten gestiegen ist.[42]

Eine verminderte Alterssterblichkeit führt zusammen mit dem beobachtbaren Geburtenrückgang zu einer Verschiebung der Altersstruktur. Allgemein gilt, dass die Kombination aus sinkender Sterblichkeit und rückläufiger Fruchtbarkeit zu einer Überalterung der Bevölkerung führt.[43] Dieses Phänomen wird auch als doppelter Alterungsprozess bezeichnet. Die folgende Abbildung (Abb. 2-7) zeigt die Veränderung der Altersstruktur in Deutschland für den Zeitraum 1970 bis 2006:

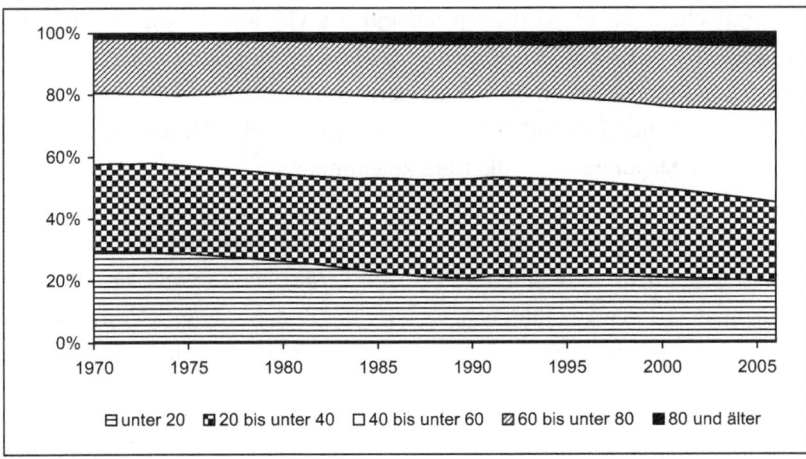

Abbildung 2-7:   Entwicklung der Alterstruktur
(1970-1990: Früheres Bundesgebiet, 1991-2007: Gesamtdeutschland)
Quelle: Statistisches Bundesamt, eigene Darstellung

---

[41]   Vgl. Robert Koch-Institut, 2006, S. 66.
[42]   Vgl. Robert Koch-Institut, 2006, S. 23 und S. 47.
[43]   Vgl. Schulze, 2007, S. 370.

Besonders auffällig sind die Entwicklungen der „jüngsten" und der „ältesten" Kategorie. Der Anteil unter 20-Jähriger ist im betrachteten Zeitraum um zehn Prozentpunkte von 30% auf 20% gefallen. Dagegen ist der Anteil hoch betagter Personen (80 Jahre und älter) in der gleichen Zeit von knapp 2% auf 4,6% gestiegen. In den dazwischen liegenden Alterklassen ist ebenso ein zunehmender Trend zu Gunsten der älteren Bevölkerung zu beobachten. Die Verschiebung der Altersstruktur hin zu einer „Überalterung der Gesellschaft" kann zwar durch Wanderungen – insbesondere Zuwanderungen junger Menschen – gebremst, nicht jedoch gestoppt werden.

Die zeitliche Entwicklung des Medianalters[44] einer Bevölkerung gibt ebenfalls Aufschluss über den Alterungsprozess einer Gesellschaft. Das Medianalter hat sich verglichen mit dem Jahre 1970 von 34 Jahren (früheres Bundesgebiet) um neun Lebensjahre auf 42 Jahre in 2006 (Gesamtdeutschland) erhöht, Tendenz steigend.

Der demografische Prozess wird auch anhand des Geburten- bzw. Sterbeüberschusses deutlich. Seit 1972 ist die deutsche Bevölkerung kontinuierlich durch einen Überschuss der Sterbefälle gekennzeichnet.[45] Im Jahr 2006 belief sich diese Ziffer auf rund 149.000 Personen. Aufgrund des Geburtenrückgangs nimmt der Anteil der jungen Bevölkerung zunehmend ab.

Der so genannte Altenquotient gibt das Verhältnis der Personen im Rentenalter zu den Personen im erwerbsfähigen Alter an.[46] Da sich sowohl das Renteneintritts- als auch das erwerbsfähige Alter über die Zeit verändert (Verschiebung nach „hinten") kommen diverse Definitionen in Frage. Es gilt beispielsweise folgende Definition:

$$\text{Altenquotient} = \frac{\text{Personen im Alter ab 65 Jahren}}{\text{Personen im Alter von 20 - 64 Jahren}} \qquad (2.3\text{-}1)$$

---

[44] Das Medianalter ist jenes Lebensalter, das die Bevölkerung in zwei gleich große Gruppen teilt, so dass jeweils 50% der Bevölkerung jünger bzw. älter als das Medianalter ist.

[45] Das Jahr 1990 stellt hierbei eine Ausnahme dar. Wird lediglich das frühere Bundesgebiet betrachtet, so ist für 1990 ein Geburtenüberschuss zu verzeichnen.

[46] Vgl. Statistisches Bundesamt, 2006a, S. 65.

In Anbetracht der oben angeführten Argumente können im Zähler der Definition (2.3-1) alternativ die Personen ab 60 Jahren herangezogen werden, dementsprechend würde sich auch der Nenner ändern. Darüber hinaus kann die Bezugsgröße im Nenner dahingehend variieren, dass nicht die Personen ab 20, sondern ab 15 Jahren betrachtet werden. Über sämtliche Definitionen des Altenquotienten hinweg ist die Aussage über die generelle Entwicklung der Altersstruktur in Deutschland dieselbe, nämlich, dass der Anteil „älterer" Menschen zunimmt. Prognosen zufolge wird sich diese Entwicklung fortsetzen: In 2006 lag der Altenquotient gemäß Gleichung (2.3-1) bei 0,33. Laut den Ergebnissen der 11. koordinierten Bevölkerungsvorausberechnung des Statistischen Bundesamtes wird er im Jahre 2050 einen Wert von 0,6 erreichen.[47] Dieser Vorausberechnung zufolge, kommen im Jahr 2050 auf 100 Personen im erwerbsfähigen Alter 60 Menschen im Rentenalter.

Eine weitere demografische Kennzahl ist der Gesamtquotient. Dieser setzt alle „abhängigen" Personen einer Gesellschaft ins Verhältnis zu denjenigen, die dadurch „belastet" werden, also die Personen im erwerbsfähigen Alter. Somit werden neben den älteren Menschen auch die jungen, noch nicht erwerbsfähigen Personen mitberücksichtigt. Der Gesamtquotient wird in dieser Arbeit wie folgt definiert:

$$\text{Gesamtquotient} = \frac{\text{Personen im Alter bis 14 und ab 65 Jahren}}{\text{Personen im Alter von 15 - 64 Jahren}} \qquad (2.3-2)$$

Der fortschreitende Alterungsprozess zeigt nicht nur, dass der Anteil älterer Personen in unserer Gesellschaft steigt, sondern deutet auch auf Finanzierungsprobleme im Gesundheitswesen hin. Das Gros der Ausgaben, das die gesetzliche Krankenversicherung trägt, wird nach dem Umlageverfahren finanziert.[48] Aufgrund der Bevölkerungsentwicklung stehen immer mehr ältere, i. d. R. kostenintensivere Patienten einer geringeren Anzahl von Beitragszahlern gegenüber. Die Alterung der Gesellschaft stellt das deutsche Gesundheitswesen – insbesondere in Hinblick auf die langfristige Finanzierbarkeit – vor eine große Herausforderung.

---

[47] Vgl. Statistisches Bundesamt, 2006a, S. 23-24.
[48] Vgl. Oberender/Hebborn/Zerth, 2006, S. 40.

Wie bereits angeführt, stellt sich die Frage, ob die gewonnenen Lebensjahre gesunde Jahre sind oder nicht. Grundsätzlich steigt das Risiko gewisser Krankheiten bzw. Leiden mit zunehmendem Alter. Hierzu zählen beispielsweise Krebserkrankungen, Diabetes, Osteoporose, Schlaganfall und Demenz.[49] Im Jahr 2006 entfielen 47% der Krankheitskosten auf Personen im Alter ab 65 Jahren.[50] Außerdem steigt mit dem Lebensalter auch die Wahrscheinlichkeit der Multimorbidität, also das Auftreten mehrerer Krankheiten gleichzeitig.[51] Folglich ist zukünftig mit einer wachsenden Personenzahl höheren Alters zu rechnen, die eine gute und teilweise intensive Betreuung und Pflege benötigt.[52] Entgegen dieser Theorie weisen Studien darauf hin, dass insbesondere im letzten Lebensjahr – also unabhängig vom Lebensalter – die höchsten Kosten anfallen.[53]

Seit 1996 ist eine steigende Zahl pflegebedürftiger Personen zu beobachten. Zwei Drittel dieser Menschen werden zu Hause gepflegt, entweder kümmern sich Angehörige – meist Frauen – oder ambulante Pflegedienste um die Versorgung der Patienten.[54] Es ist jedoch ein Trend in Richtung stationäre Pflege zu beobachten, wenn auch langsam. Ein Grund hierfür könnte beispielsweise die enorme Belastung – psychisch wie physisch – für die pflegenden Angehörigen sein. Über einen längeren Zeitraum betrachtet, kann auch eine veränderte Lebensplanung, die mit einem gewandelten sozio-familiären Verhalten einhergeht, Ursache für die zunehmende Inanspruchnahme der stationären Pflege sein. In diesem Zusammenhang spielt auch die steigende Tendenz erwerbstätiger Frauen eine Rolle, so dass diese nicht (mehr) die Betreuung und Pflege von Angehörigen leisten (können). Die zunehmende (gesellschaftliche) Bedeutung der Pflege spiegelt sich auch in der Verabschiedung der Pflegereform 2008 wider.

Es gibt keinen Konsens darüber, wie sich eine längere Lebensdauer auf die tatsächliche Gesundheit, also die Qualität des längeren Lebens, auswirkt. Zwei Thesen werden in diesem Zusammenhang kontrovers diskutiert: die Kompressions- und die Medikalisierungsthese. Im Sinne der Kompressionsthese werden

---

[49] Vgl. Robert Koch-Institut, 2006, S. 13.
[50] Vgl. Statistisches Bundesamt, 2008e, S. 633.
[51] Vgl. Statistisches Bundesamt, 2008e, S. 634.
[52] Vgl. Robert Koch-Institut, 2006, S. 13.
[53] Vgl. Statistisches Bundesamt, 2008e, S. 634.
[54] Vgl. BKK Bundesverband, 2008b, S. 2.

die (altersbedingten) Krankheiten immer mehr ins hohe Alter verschoben, d. h. die gewonnenen Lebensjahre werden überwiegend beschwerdenfrei verbracht.[55] Wird hierbei die Lebenszeit in Krankheit lediglich „nach hinten" verschoben, spricht man von einer relativen Kompression. Bei einer absoluten Kompression wird darüber hinaus die Zeit in Krankheit verkürzt, also nicht nur relativ sondern auch absolut weniger Jahre mit Beschwerden erlebt.[56] Es wird häufig vermutet, dass durch eine Kompression die Ausgaben für Gesundheit nicht beeinflusst werden oder sogar im Extremfall niedriger ausfallen können. Die Vertreter der Medikalisierungsthese gehen dagegen davon aus, dass die zusätzlichen Jahre überwiegend durch Krankheit charakterisiert sind,[57] so dass eine steigende Nachfrage nach Gesundheitsleistungen zu erwarten ist.[58]

Eine direkte Übertragung dieser Thesen auf den monetären Bereich, die Gesundheitsausgaben, ist nicht möglich. Es kann z. B. sein, dass die älter werdenden Menschen vermehrt und / oder teurere Gesundheitsleistungen in Anspruch nehmen, somit die Ausgaben steigen, aber auch die Lebensqualität dieser Generation verbessert wird. Somit würde eine Medikalisierung nicht auftreten, die Kosten in Folge der verlängerten Lebensdauer aber trotzdem steigen. Umgekehrt gilt auch die Argumentation, dass die erhöhte Inanspruchnahme von Gesundheitsleistungen die Ausgaben steigert, dafür aber eine relative oder sogar absolute Kompression zu beobachten ist.

Der Gesundheitszustand eines Menschen wird durch zahlreiche Faktoren bestimmt. Eine wesentliche Rolle spielt hierbei der soziale Status. Als Indikatoren zur Beschreibung der sozialen Stellung innerhalb einer Gesellschaft werden häufig die Bildung, der Beruf oder das Einkommen herangezogen.[59] Es ist offensichtlich, dass diese Größen in einem engen Zusammenhang stehen, denn das Niveau der Bildung (z. B. am Schulabschluss gemessen) ist gewöhnlich mitbestimmend für den ausgeübten Beruf, und die berufliche Stellung entscheidet in aller Regel über das Einkommen einer Person. Menschen mit einem niedrigeren Bildungsabschluss gehen nicht selten Berufen nach, die durch

---

[55] Vgl. Niehaus, 2006, S. 3. Zur Kompressionsthese siehe auch Fries, 1980, S. 130-135.
[56] Vgl. Niehaus, 2006, S. 4.
[57] Vgl. Niehaus, 2006, S. 4. Zur Medikalisierungsthese siehe auch Gruenberg, 1977, S. 3-24.
[58] Vgl. Oberender/Hebborn/Zerth, 2006, S. 113.
[59] Vgl. Hajen/Paetow/Schumacher, 2006, S. 27.

höhere physische Arbeitsbelastungen charakterisiert sind.[60] Diese Tätigkeiten sind oft mit größerer körperlicher Anstrengung, Schadstoffen in der Luft, Lärm oder auch unregelmäßigen Arbeitszeiten verbunden. Ebenso ist der Einfluss der sozialen Stellung auf das Selbstwertgefühl und die individuelle Zufriedenheit nicht zu unterschätzen. Es kann vermutet werden, dass Menschen mit einem (relativ) geringen Einkommen eher einer niedrigen Sozialschicht angehören, denn das verfügbare Einkommen ist mit entscheidend für die Lebensumstände einer Person oder Familie. Die ökonomischen Möglichkeiten eines Individuums bestimmen dessen Wohnverhältnisse und konsumierten Güter, wie beispielsweise Nahrungsmittel, die eine bedeutende Rolle für die Gesundheit spielen.

Der extreme Fall der Arbeitslosigkeit kann sich ebenfalls negativ auf das Wohlbefinden oder die Gesundheit des Menschen auswirken; nicht nur weil damit finanzielle Einbußen verbunden sind, sondern auch von einer psychischen Belastung auszugehen ist. Die Lebenszufriedenheit sinkt bei steigender Arbeitslosenquote, und der individuell empfundene Gesundheitszustand verschlechtert sich mit sinkender Lebenszufriedenheit.[61] Hinsichtlich der Finanzierung des Gesundheitswesens ist in diesem Zusammenhang zu berücksichtigen, dass durch die fehlenden Beitragszahlungen die Einnahmen geringer ausfallen.

Wie für ein einzelnes Individuum kann auch für eine ganze Gesellschaft angenommen werden, dass der Wohlstand einer Bevölkerung deren Gesundheitszustand beeinflusst. Ein höheres Einkommen sorgt im Allgemeinen für eine positive Konsumstimmung. Zusätzlicher Konsum wird u. a. zu Gunsten der Bereiche Wohnen, Bildung, Ernährung, aber auch Gesundheitsleistungen getätigt. Eine gestiegene Wirtschaftsleistung (z. B. am BIP gemessen) führt also einerseits – durch entsprechenden Konsum – zu einem verbesserten Gesundheitszustand und damit einhergehend zu niedrigeren Gesundheitsausgaben, andererseits wird aber auch eine direkte Ausgabensteigerung durch zusätzliche Nachfrage an Gesundheitsleistungen unterstützt, die möglicherweise erst durch die verbesserte finanzielle Situation erschwinglich wird. Ein höheres BIP fördert die gesundheitlichen Bedingungen auch vor dem Hintergrund, dass Investitionen unternommen werden können, die beispielsweise für eine bessere Infrastruktur, sauberes Trinkwasser und eine bessere Hygiene sorgen.

---

[60] Vgl. Hajen/Paetow/Schumacher, 2006, S. 36.
[61] Vgl. Bergheim, 2007, S. 5.

Demgegenüber gewinnen in entwickelten Ländern wie Deutschland zunehmend so genannte Wohlstands- bzw. Zivilisationskrankheiten an Bedeutung. Wohlstandserkrankungen haben häufig ihren Ursprung in ungesunder Ernährung, mangelnder Bewegung und Umweltbelastungen. Herz-Kreislauf-Erkrankungen, Krebsleiden und Diabetes sind Beispiele für solche Wohlstandskrankheiten.[62] Ein höheres BIP und damit ein besserer Wohlstand fördert also nicht nur die Gesundheit der Bevölkerung, sondern auch Krankheiten – insbesondere chronische. Eine bessere Wirtschaftsleistung könnte also auch aus diesem Grund mit steigenden Gesundheitsausgaben einhergehen. Der theoretische Zusammenhang zwischen dem BIP und den Gesundheitsausgaben ist demnach nicht eindeutig.

Zahlreiche empirische Studien untersuchen den Einfluss des BIP auf die Gesundheitsausgaben. Es herrscht Konsens darüber, dass die Gesundheitsausgaben signifikant positiv vom BIP beeinflusst werden.[63] Für die Bundesrepublik Deutschland beträgt die Korrelation zwischen den Gesundheitsausgaben und dem BIP 0,93. Es wird demnach ein starker positiver Zusammenhang zwischen diesen Größen vermutet. Uneinigkeit liegt jedoch dahingehend vor, ob es sich bei dem Gut Gesundheit um ein notwendiges oder Luxusgut handelt, also die Einkommenselastizität kleiner oder größer als Eins ist.[64]

Darüber hinaus ist der Zusammenhang zwischen dem BIP und der Gesundheit nicht einseitig.[65] Dass vom Gesundheitsstatus auch eine Wirkung auf die Wirtschafsleistung ausgeht, zeigt folgender Sachverhalt: Behinderung und Krankheit mindern die Leistungsfähigkeit eines Menschen und hindern ihn an der uneingeschränkten Teilnahme am „Arbeitsleben". Dies schlägt sich z. B. in krankheitsbedingten Fehlzeiten nieder, aber auch ein Berufswechsel oder sogar das frühzeitige Ausscheiden durch Arbeitsunfähigkeit sind Folgen mangelnder Gesundheit. Der gesundheitliche Zustand der Menschen spielt in Hinblick auf das Humankapital – und somit auch für die Volkswirtschaft – eine bedeutende Rolle.

---

[62] Vgl. Hajen/Paetow/Schumacher, 2006, S. 32.
[63] Vgl. z. B. van Elk/Mot/Franses, 2009, S. 15.
[64] Vgl. Bergheim, 2006, S. 7. Für Übersichten zu Ergebnissen der geschätzten Einkommenselastizitäten siehe Getzen, 2000, S. 266-267 sowie van Elk/Mot/Franses, 2009, S. 13.
[65] Erdil und Yetkiner (2009) untersuchen die Gesundheitsausgaben und das BIP für zahlreiche Länder auf Granger-Kausalität. Für Deutschland stellen sie eine Kausalität von den Gesundheitsausgaben auf das BIP fest. Vgl. Erdil/Yetkiner, 2009, S. 516.

Auch wenn die genetische Veranlagung einen Teil des Krankheitsverlaufes eines Menschen bestimmt, ist jeder Einzelne durch sein individuelles Verhalten zumindest teilweise für seinen Gesundheitszustand mitverantwortlich. Obwohl die Gesundheit eines der höchsten Güter des Menschen ist, ist der persönliche Lebensstil oft alles andere als gesundheitsfördernd. Nicht nur der Missbrauch von Genuss- und Suchtmitteln, sondern auch Bewegungsarmut und schlechte Ernährung schaden der Gesundheit.

Trotz der vermehrten Aufklärungsversuche über die Risiken des Tabakkonsums ändert sich das Rauchverhalten in Deutschland kaum: Bei der Befragung im Rahmen des Mikrozensus 2005 durch das Statistische Bundesamt gaben 27% der Befragten ab 15 Jahren an, zu rauchen. In den Jahren 1995 und 1999 lag der Anteil mit jeweils 28% nur minimal darüber.[66] Erfreulich ist die insgesamt rückläufige Entwicklung konsumierten Tabaks bei Jugendlichen.[67] Auffällig ist dagegen, dass der Anteil täglicher Raucher in Haupt- und Gesamtschulen wesentlich höher ist als bei Gymnasialschülern.[68] Ebenfalls ist mit steigendem Nettohaushaltseinkommen ein Rückgang des Raucheranteils zu beobachten.[69] Es lässt sich also vermuten, dass der Bildungsstand und das Rauchverhalten eines Individuums miteinander korreliert sind. Im Jahr 2006 sind 5,1% der Sterbefälle auf Krebserkrankungen, die im Zusammenhang mit dem Tabakkonsum stehen, zurückzuführen.[70]

Laut Angaben der OECD ist der Alkoholkonsum von 12,4 im Jahre 1991 auf 10,1 Liter reinen Alkohols pro Kopf in 2006 gesunken. Somit ist zumindest ein geringfügiger Rückgang des jährlichen Pro-Kopf-Verbrauchs an Alkohol zu verzeichnen. Im Jahr 2005 starben mehr als 16.000 Menschen aufgrund des Alkoholkonsums, das durchschnittliche Sterbealter dieser Todesfälle liegt seit Jahrzehnten unter 60 Jahren.[71]

---

[66] Vgl. Statistisches Bundesamt, 2006b, S. 61.
[67] Vgl. Statistisches Bundesamt, 2008b, S. 44-45.
[68] Vgl. BKK Bundesverband, 2008a, S. 3.
[69] Vgl. Statistisches Bundesamt, 2008b, S. 45.
[70] Vgl. Statistisches Bundesamt, 2008d, S. 375.
[71] Vgl. Statistisches Bundesamt, 2007a, S. 289. In dieser Statistik werden nur solche Sterbefälle berücksichtigt, für die der Alkoholkonsum als Hauptursache festgestellt wurde.

Etwa ein Drittel der Kosten im Gesundheitswesen gehen auf Krankheiten zurück, die durch die Ernährung verursacht oder begünstigt werden.[72] Da sowohl Unter- als auch Übergewicht ein zunehmendes und oft unterschätztes Problem darstellt, rücken die Themen „Bewegungsmangel" und „Fehlernährung" verstärkt in den gesundheitspolitischen Mittelpunkt. So versuchen beispielsweise die Initiative „Leben hat Gewicht – Gemeinsam gegen den Schlankheitswahn" und die Kampagne „Bewegung und Gesundheit" mit der Aufforderung jeden Tag „3.000 Schritte extra" zu gehen, diese Problematik bewusst zu machen.

Um das Problem der Ernährungsgewohnheiten im Hinblick auf das individuelle Körpergewicht objektiv zu beurteilen, wird zur Zeit häufig der Body-Maß-Index (BMI) herangezogen. Diese Maßzahl setzt das Gewicht einer Person mit dessen Körpergröße ins Verhältnis. Die Berechnung erfolgt anhand folgendem Ausdruck:[73]

$$BMI = \frac{\text{Körpergewicht in kg}}{\left(\text{Körpergröße in m}\right)^2} \tag{2.3-3}$$

Entsprechend der WHO-Klassifikation deuten BMI-Werte niedriger als 18,5 auf Untergewicht hin. Normalgewichtige Menschen zeigen Werte zwischen 18,5 und 24,9 auf. Personen mit Index-Werten zwischen 25 und 29,9 gelten als übergewichtig, und bei einem Wert größer als 30 wird von Adipositas (Fettleibigkeit) ausgegangen. Nachteilig an dieser Klassifikation ist, dass nicht nach Alter und Geschlecht unterschieden wird. Außerdem wird der Indikator vielfach kritisiert, da er spezifische Eigenschaften des Körpers, wie z. B. Knochenbau und Muskelmasse nicht berücksichtigt.

Die Ergebnisse der nationalen Verzehrsstudie II[74] zeigen, dass in Deutschland über die Hälfte der Erwachsenen übergewichtig oder adipös (fettleibig) ist.[75] Der

---

[72] Vgl. BKK Bundesverband, 2008c, S. 1.
[73] Vgl. Robert Koch-Institut, 2003, S. 7.
[74] Im Rahmen der nationalen Verzehrsstudie II wurden Personen im Alter von 14 bis 80 Jahren befragt. Die Interviews haben sich über den Zeitraum November 2005 bis Januar 2007 erstreckt. Für nähere Informationen zu Design und Methodik der Untersuchung siehe Max Rubner-Institut, 2008, S. 2-10.
[75] Vgl. Max Rubner-Institut, 2008, S. 81.

Anteil dieser Personen steigt mit zunehmendem Alter. Außerdem ist ein signifikant negativer Zusammenhang zwischen dem Bildungsniveau und dem gesundheitsschädlichen Körpergewicht festzustellen: Je höher der Bildungsstand, desto niedriger der Anteil übergewichtiger und adipöser Personen.[76] Dieser empirische Befund widerlegt zumindest teilweise die These, dass ein höherer Wohlstand eine ungesunde Lebensweise zur Folge haben kann.

Übergewicht bzw. Fettleibigkeit wird neben einer falschen Ernährung auch durch eine mangelnde körperliche Aktivität begünstigt. Regelmäßige Bewegung erhöht nicht nur die Lebensqualität, sondern fördert auch den Erhalt der Gesundheit und des Wohlbefindens.[77] Folgen von Überernährung und körperlicher Inaktivität sind Risikofaktoren wie Bluthochdruck und Übergewicht. Krankheiten des Herz-Kreislauf-Systems, Rücken- und Gelenkbeschwerden sowie Diabetes mellitus Typ 2 – auch als „Zuckerkrankheit" bekannt – haben häufig diese Risikofaktoren als Ursache.[78] Es ist erwiesen, dass sich fast die Hälfte der deutschen Bevölkerung zu wenig bewegt.[79] Darüber hinaus sind Personen in höheren sozialen Schichten sportlich aktiver als solche in der unteren Sozialschicht.[80]

Last but not least ist als ein nennenswerter Einflussfaktor der Gesundheit eines Menschen die Umwelt zu nennen. Laut WHO sind Umwelteinflüsse wesentliche Determinanten der gesundheitlichen Lage der Gesellschaft, wenn auch die quantitative Bedeutung schwierig einzuschätzen ist.[81] Umweltbedingte Risikofaktoren gehen u. a. aus der Luft- und Wasserqualität hervor. Weiterhin sind Lärm, Strahlungen sowie Schadstoffbelastungen als gesundheitsschädliche Größen zu nennen.[82]

Die Ausführungen dieses Kapitels zeigen einerseits, dass zahlreiche Determinanten der Gesundheitsausgaben existieren und andererseits, dass die Zusammenhänge zwischen den Einflussgrößen oftmals weder eindeutig noch einseitig

---

[76] Vgl. Max Rubner-Institut, 2008, S. 88-89.
[77] Vgl. Robert Koch-Institut, 2005, S. 7.
[78] Vgl. BKK Bundesverband, 2008c, S. 1.
[79] Vgl. BKK Bundesverband, 2008c, S. 3.
[80] Vgl. Robert Koch-Institut, 2005, S. 9.
[81] Vgl. WHO, 2002, S. 135.
[82] Für nähere Informationen zu umweltbedingten Einflussgrößen in Deutschland siehe Robert Koch-Institut, 2005, S. 91-93.

sind. Die schematische Darstellung in Abbildung 2-8 gibt einen Überblick zu den Wirkungsrichtungen sowie den vermuteten Zusammenhänge (positiv vs. negativ) zwischen wesentlichen Einflussbereichen. In der Darstellung wurde bewusst die Kategorie „politische Rahmenbedingungen" vernachlässigt, da gleichermaßen positive und negative Einflüsse auf fast alle Bereiche denkbar sind.

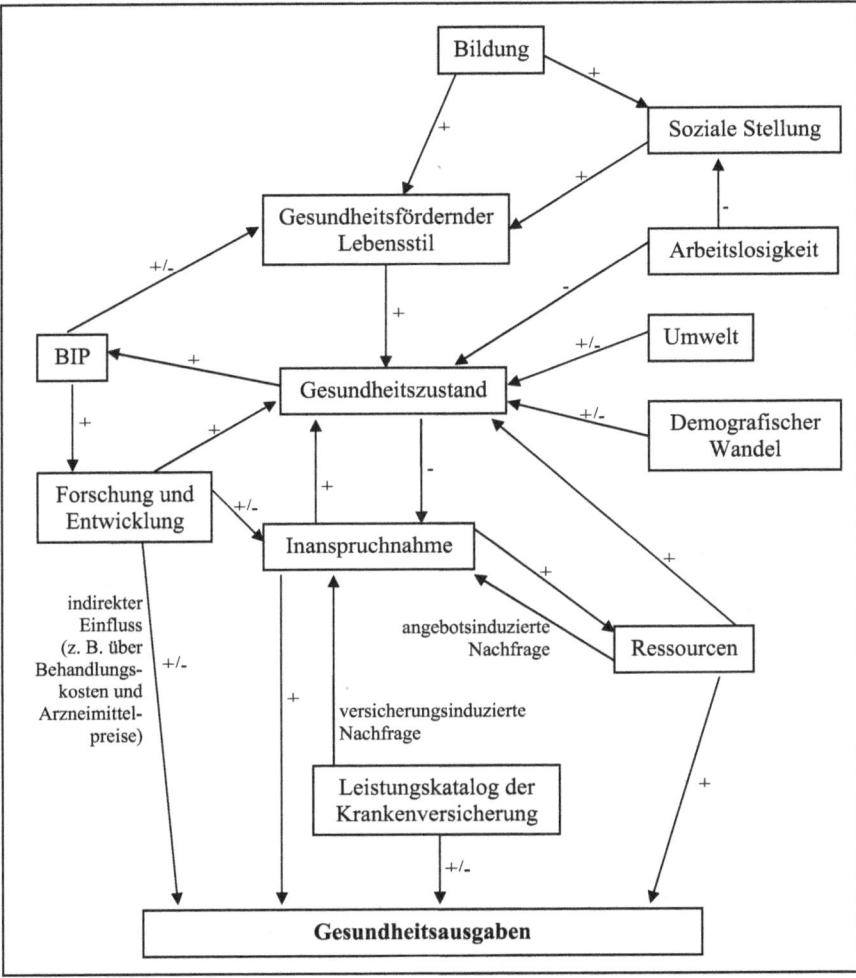

Abbildung 2-8:   Einflussbereiche der Gesundheitsausgaben
Quelle: Eigene Darstellung

Bevor in Kapitel 4 die empirische Untersuchung der in diesem Kapitel herausgearbeiteten Zusammenhänge zwischen den Gesundheitsausgaben und deren Determinanten erfolgt, werden zunächst in Kapitel 3 statistisch-ökonometrische Grundlagen gelegt. Da die zeitlichen Änderungen und ihre Gründe bzw. die langfristigen Zusammenhänge der Variablen im Mittelpunkt des Interesses stehen, ist die Betrachtung von Zeitreihen und damit auch von Methoden der Zeitreihenanalyse relevant.

3 STATISTISCH-ÖKONOMETRISCHE GRUNDLAGEN

3.1 Nichtstationäre Prozesse und die Idee der Kointegration

Jeder Zeitreihe y_t, die in empirischen Untersuchungen betrachtet wird, liegt ein datengenerierender Prozess zugrunde. y_t ($t = 1, \ldots, T$) stellt somit lediglich eine Realisation eines unendlichen Prozesses ($t = -\infty, \ldots, +\infty$) dar. Die Eigenschaften der Zeitreihe bzw. des datengenerierenden Prozesses sind für die Anwendung statistischer Verfahren von hoher Bedeutung. So setzen beispielsweise zahlreiche Instrumente und Konzepte der traditionellen Ökonometrie die schwache Stationarität des Prozesses voraus. Dies bedeutet, dass die betrachtete Zeitreihe einen konstanten Erwartungswert, konstante Varianzen sowie Autokovarianzen, die nur von der Laglänge K abhängen, nicht jedoch vom jeweiligen Zeitpunkt t, aufweist.[83]

In der wirtschaftlichen Realität sind die meisten Größen jedoch trendbehaftet. Es ist also zu untersuchen, ob ein Prozess stationärer Natur ist. Wenn nicht, ist zu differenzieren zwischen der Art des Trends. Allgemein wird zwischen einem deterministischen und einem stochastischen Trend unterschieden. Die folgenden Gleichungen stellen einen Prozess mit deterministischem (3.1-1) bzw. stochastischem (3.1-2) Trend dar:

$$y_t = \mu + \alpha \cdot t + \varepsilon_t \qquad\qquad (3.1\text{-}1)$$

$$y_t = \mu + \rho \cdot y_{t-1} + \varepsilon_t \qquad \text{mit } \rho = 1 \qquad (3.1\text{-}2)$$

Während sich bei einem trendstationären Prozess (Gleichung (3.1-1)) eine traditionelle Trendeliminierung[84] empfiehlt, ist bei Prozessen mit stochastischen Trends (Gleichung (3.1-2)) die Differenzierung der Zeitreihe erforderlich, um

---

[83] Die für die praktische Anwendung wenig relevante strenge Stationarität beschränkt sich nicht auf die Momente erster und zweiter Ordnung eines Prozesses. Es wird vielmehr vorausgesetzt, dass die gemeinsame Verteilungsfunktion der Zufallsvariablen, deren Realisationen die einzelnen y_t-Werte sind, zeitinvariant ist. Vgl. Stier, 2001, S. 42. Im Folgenden ist mit Stationarität stets die schwache Stationarität gemeint.

[84] Bei der traditionellen Trendeliminierung wird eine Regression auf die Zeit geschätzt. Es resultieren geschätzte Residuen, die keinen Trend mehr enthalten.

einen stationären Prozess zu erhalten. Je nach Art des Trends ergibt sich also ein anderer Handlungsbedarf zur Stationarisierung. Eine inadäquate Transformation der Zeitreihe kann aus statistischer Sicht gravierende Folgen haben: Wird für einen Prozess mit linearem Trend die erste Differenz gebildet, resultiert ein Prozess mit einer Moving-Average(MA)-Komponenten, die eine Einheitswurzel enthält. Demnach ist die Invertibilitätsbedingung verletzt, und der Prozess ist nicht stationär. Dagegen kann die traditionelle Trendeliminierung bei einem stochastischen Prozess keine stationäre Reihe erzeugen; die geschätzten Residuen sind nicht White-Noise. Da die korrekte Behandlung der Trends von hoher Bedeutung ist, wurde der Überprüfung der Nichtstationarität in der ökonometrischen Forschung besondere Aufmerksamkeit geschenkt.

Es soll folgendes autoregressives (AR) Modell der Ordnung p betrachtet werden:

$$y_t = \theta_1 y_{t-1} + \theta_2 y_{t-2} + ... + \theta_p y_{t-p} + \varepsilon_t \tag{3.1-3}$$

Unter Verwendung des Lagoperators L ergibt sich aus Gleichung (3.1-3)

$$\theta_p(L) y_t = \left(1 - \theta_1 L - \theta_2 L^2 - ... - \theta_p L^p\right) y_t. \tag{3.1-4}$$

Hierbei gibt p die Ordnung des Lagpolynoms an. Dieses Polynom besitzt genau p Nullstellen. Um die Lösungen, also die Nullstellen des Polynoms – auch Wurzeln genannt – zu ermitteln, wird formal folgende Gleichung, auch als charakteristisches Polynom bezeichnet, gelöst:[85]

$$1 - \theta_1 z - \theta_2 z^2 - ... - \theta_p z^p = 0 \tag{3.1-5}$$

In Gleichung (3.1-5) liegt jede Lösung einer Nullstelle mit dem Wert Eins, also für $|z| = 1$, auf dem so genannten Einheitskreis.[86] Liegen d Lösungen auf dem Einheitskreis, besitzt der Prozess genau d Einheitswurzeln (unit roots); er ist

---

[85] Der Operator L wird durch die Variable z substituiert, wobei z die Lösungen bzw. Nullstellen des Polynoms beschreibt.

[86] Die Nullstellen des Lagpolynoms können auch komplexe Zahlen sein, so dass $|z| = 1$ auch mehrfache Wurzel des charakteristischen Polynoms sein kann.

dann integriert von der Ordnung d, kurz I(d). Dies bedeutet, dass der daten-generierende Prozess einen stochastischen Trend aufweist und somit nicht-stationär ist; er kann jedoch durch d-malige Differenzbildung in eine stationäre Zeitreihe überführt werden. In Gleichung (3.1-2) handelt es sich demnach mit $\rho = 1$ um einen I(1)-Prozess, da genau eine Wurzel des autoregressiven Lagpolynoms $(1 - L)$ auf dem Einheitskreis liegt. In der Ökonometrie bzw. Zeitreihen-analyse können also die Stationaritätseigenschaften einer Reihe über den „Um-weg" des Testens auf Einheitswurzeln im autoregressiven Prozess überprüft werden.

Obwohl die visuelle Inspektion einer Zeitreihe einen ersten Eindruck auf das stationäre und trendmäßige Verhalten der Variablen geben kann, sollte auf eine formale Überprüfung der Stationaritätseigenschaften keinesfalls verzichtet werden. In Kapitel 3.2 werden einige solcher Testverfahren dargestellt. Da viele dieser Tests auf der Verschachtelung eines trend- und eines differenzstationären Prozesses basieren, soll eine solche Verschachtelung nun betrachtet werden.[87] Die Gleichungen

$$y_t = \delta_0 + \delta_1 \cdot t + u_t \tag{3.1-6}$$

und

$$u_t = \rho \cdot u_{t-1} + \varepsilon_t \tag{3.1-7}$$

können zu folgendem Modell zusammengeführt werden:[88]

$$y_t = \delta_0 + \delta_1 \cdot t + \rho[y_{t-1} - \delta_0 - \delta_1(t - 1)] + \varepsilon_t \tag{3.1-8}$$

Die Restgröße ε_t sei hierbei ein stationärer Prozess. Aus Gleichung (3.1-8) ergibt sich mit

$$\mu = \delta_0(1 - \rho) + \delta_1 \cdot \rho \tag{3.1-9}$$

---

[87] Vgl. hierzu z. B. Maddala, 2001, S. 548.

[88] Hierbei wird Gleichung (3.1-7) in (3.1-6) eingesetzt, wobei sich u_{t-1} wiederum aus Gleichung (3.1-6) ergibt.

und

$$\alpha = \delta_1(1-\rho)$$ (3.1-10)

folgender formaler Zusammenhang:

$$y_t = \mu + \alpha \cdot t + \rho \cdot y_{t-1} + \varepsilon_t$$ (3.1-11)

Die Zeitreihe ist für $|\rho| < 1$ (trend)stationär. Für $\rho = 1$ ist y_t dagegen differenzstationär, und α nimmt entsprechend Gleichung (3.1-10) den Wert Null an. Diese Gegebenheit ist auch insofern plausibel, als im Falle eines stochastischen Prozesses ein Trend bzw. Drift der Zeitreihe implizit in μ berücksichtigt wird. Wenn die Reihe dagegen keine unit root aufweist und somit $|\rho| < 1$ und $\alpha \neq 0$ gilt, wird der lineare Trend durch die deterministische Trendkomponente erfasst. Wird ein Modell ohne deterministischen Trend formuliert, also $\delta_1 = 0$, nimmt μ für $\rho = 1$ gemäß Gleichung (3.1-9) den Wert Null an. Ist dagegen ein quadratischer Trend in der Zeitreihe zu vermuten, hat das Modell (vgl. Gleichung (3.1-8)) als zusätzlichen Regressor t^2 und der zugehörige Koeffizient wäre im Falle einer Einheitswurzel Null.[89]

Werden in einer empirischen Untersuchung integrierte Zeitreihen betrachtet, erfüllen diese zumindest im Niveau nicht die häufig gestellte Anforderung der Stationarität. Um statistische Verfahren problemlos anzuwenden, empfahlen Box und Jenkins bereits im Jahre 1970, bei der Schätzung dynamischer Zusammenhänge so lange Differenzen zu bilden, bis es keine Anzeichen mehr auf nichtstationäres Verhalten der Zeitreihen gibt.[90]

Analog hierzu werden im Weltbild der klassischen Ökonometrie häufig differenzierte Zeitreihen betrachtet, um das Problem der so genannten Scheinregression (spurious regression) zu umgehen. Die Bildung von Differenzen ermöglicht zwar die Anwendung des traditionellen Instrumentariums (z. B. die Regressionsanalyse), allerdings gehen Informationen bezüglich der langfristigen

---

[89] Vgl. Maddala, 2001, S. 551-552.
[90] Vgl. Box/Jenkins, 1970, S. 378-379.

Bewegungen verloren, die durch den Trend erzeugt werden. Somit werden lediglich die Beziehungen zwischen den differenzierten Reihen betrachtet und nicht mehr der i. d. R. interessierende Niveauzusammenhang. Ein weiterer Nachteil liegt in der Begünstigung so genannter Scheinunabhängigkeiten, indem durch das Herausfiltern von Informationen irrtümlich kein Zusammenhang zwischen den Größen angezeigt wird.[91]

Insgesamt wird also durch die Differenzbildung versucht, die Gefahr der Scheinabhängigkeiten zu vermeiden. Gleichzeitig wird jedoch das ebenfalls unerwünschte Problem der Scheinunabhängigkeiten gefördert.

Eine Lösung aus diesem Dilemma liefert die Theorie der Kointegration. Die Idee dieses Ansatzes geht auf Granger (1981, 1986) sowie auf Engle und Granger (1987) zurück. Der Anstoß für das Kointegrationskonzept liegt in der grundsätzlichen Suche nach Möglichkeiten einer linearen Transformation, die – abgesehen von der Differenzbildung – die Stationarität der Zeitreihe(n) erzeugt bzw. die Nichtstationarität eliminiert, ohne dafür einen Informationsverlust hinzunehmen. Konkret wird nach der Existenz von Linearkombinationen der betrachteten integrierten Variablen gesucht, die stationäre Eigenschaften besitzen. Im Gegensatz zur Differenzbildung gibt es jedoch keinerlei Garantie, dass solche Linearkombinationen integrierter Variablen existent sind und somit stationäre Eigenschaften erzeugt werden können. Ganz im Gegenteil, denn in aller Regel ist eine Linearkombination von beispielsweise I(1)-Variablen ebenfalls integriert vom Grade Eins.[92]

Generell gilt jedoch für den Spezialfall der Kointegration, dass, wenn zwei oder mehrere Variablen kointegriert sind, der Niveauzusammenhang zwischen diesen Größen ermittelt werden kann, ohne hierbei die Gefahr einer Scheinregression einzugehen. Die Kointegrationsanalyse, die bereits in den 1980er Jahren populär wurde, gehört heutzutage zum Standardinstrumentarium eines jeden Zeitreihenanalytikers.[93]

---

[91] Vgl. Kirchgässner/Wolters, 2006, S. 181.
[92] Vgl. Granger, 1986, S. 215.
[93] Die Bedeutung des Kointegrationskonzepts zeigt auch die Verleihung des Nobelpreises für Wirtschaftswissenschaften im Jahre 2003 an Clive W. J. Granger „für Methoden zur Analyse ökonomischer Zeitreihen mit gemeinsam veränderlichen Trends (Kointegration)".

Bevor in Kapitel 3.3 die Theorie der Kointegration näher erläutert wird, werden zunächst Verfahren zur empirischen Überprüfung des Integrationsgrades d von ökonomischen Größen behandelt (Kapitel 3.2). Es sei an dieser Stelle nochmals angemerkt, dass die Kointegrationsanalyse die Betrachtung differenzstationärer Variablen voraussetzt und somit die Untersuchung der Stationaritäts- bzw. Integrationseigenschaften der Zeitreihen einer Kointegrationsanalyse stets vorgeschaltet ist.

3.2   Überprüfung des Integrationsgrades

In der Literatur werden zahlreiche Testverfahren vorgeschlagen, um die Stationarität einer Zeitreihe zu überprüfen bzw. die Ursachen einer Nichtstationarität – deterministischer vs. stochastischer Trend – aufzudecken. Hierbei ist grundsätzlich kritisch anzumerken, dass im Rahmen dieser Konzepte lediglich anhand einer Realisation des Prozesses, nämlich der verfügbaren Datenreihe, Rückschlüsse auf die Eigenschaften des datengenerierenden Prozesses gezogen werden können.

Wie bereits in Kapitel 3.1 dargestellt wurde, ist eine stochastische Zeitreihe durch die Anzahl ihrer Einheitswurzeln charakterisiert. Insofern wurden viele Tests entwickelt, die genau auf diesen Aspekt abzielen, d. h. das Testen auf unit roots in der Zeitreihe.

Die Tests auf Stationarität bzw. Einheitswurzeln sind allgemein starker Kritik ausgesetzt. Einer der Hauptkritikpunkte der Tests ist die mangelnde Fähigkeit, zwischen einem $\rho = 1$ und einem $\rho = 1 - \varepsilon$ mit ε größer jedoch nahe bei Null zu unterscheiden.[94] Für die empirische Anwendung ist es stets empfehlenswert, mehrere Tests durchzuführen, die im Idealfall alle zum gleichen Schluss kommen. Übereinstimmende Testresultate erhöhen die Reliabilität der Rückschlüsse bezüglich des Integrationsgrades. Eine korrekte Einschätzung der Zeitreiheneigenschaften ist auch vor dem Hintergrund, dass sich Fehlschlüsse bezüglich des Integrationsgrades als „Fehler" in die nächste Stufe der Analyse, der eigentlichen Kointegrationsanalyse, fortsetzen können, essentiell.

---

[94]   Vgl. Rinne/Specht, 2002, S. 362.

Die in den folgenden Abschnitten dargestellten Testverfahren unterscheiden sich hinsichtlich ihrer Ansatzpunkte, Annahmen und Vorgehensweise. Zunächst werden „klassische" Testverfahren dargestellt, anschließend die Problematik von Ausreißern und Strukturbrüchen aufgegriffen, bevor Testprozeduren unter Berücksichtigung solcher Effekte vorgestellt werden.

3.2.1 Klassische Testverfahren

3.2.1.1 Kwiatkowski-Phillips-Schmidt-Shin-Test

Zunächst soll der im Jahre 1992 entwickelte Test von Kwiatkowski, Phillips, Schmidt und Shin (KPSS-Test) vorgestellt werden. Dieser untersucht eine Zeitreihe bzw. deren datengenerierenden Prozess auf (Trend-)Stationarität, weshalb er auch häufig – im Gegensatz zu den zahlreichen Einheitswurzeltests – als Stationaritätstest bezeichnet wird. Die Ausgangsgleichungen dieses Testverfahrens lauten:[95]

$$y_t = \alpha \cdot t + r_t + \varepsilon_t \qquad\qquad (3.2\text{-}1)$$

$$r_t = r_{t-1} + u_t \qquad\qquad (3.2\text{-}2)$$

Es bezeichnen ε_t einen stationären und u_t einen White-Noise-Prozess. Die Nullhypothese bildet die Annahme, dass σ_u^2 gleich Null ist – der Random Walk in Gleichung (3.2-2) also eine Varianz von Null besitzt – und somit r_t eine Konstante darstellt. Dementsprechend ist unter H_0 die Zeitreihe y_t ein (trend)stationärer Prozess. Die Aufgabe des Tests besteht also darin, zwischen einem absoluten Glied und einem Random Walk zu unterscheiden.

Die Vorgehensweise des KPSS-Tests ist folgende: Zuerst wird die Zeitreihe y_t auf ein Absolutglied (und einen deterministischen Trend) regressiert (vgl. Gleichung (3.2-1)) und somit um ihren Mittelwert (und den deterministischen Trend) bereinigt. Hieraus ergeben sich die geschätzten Residuen $\hat{\varepsilon}_t$ sowie deren

---

[95] Bildet die Nullhypothese die Annahme der Stationarität, entfällt der Trendterm in Gleichung (3.2-1).

geschätzte Varianz $\hat{\sigma}_{\hat{\epsilon}}^2$. Durch Bildung von Partialsummen über $\hat{\epsilon}_t$ [96] und der zusätzlichen Annahme, dass ϵ_t White-Noise-Eigenschaften aufweist, gelangt man zu folgender Lagrange-Multiplikator (LM)-Teststatistik:

$$LM = \frac{\sum_{t=1}^{T} S_t^2}{\hat{\sigma}_{\hat{\epsilon}}^2} \qquad (3.2\text{-}3)$$

Da unter H_0 die ϵ_t White-Noise sind, folgen ihre Partialsummen einem I(1)-Prozess,[97] der eine stochastische Grenze besitzt. Unter H_1 sind die ϵ_t dagegen nichtstationär, und die Partialsummen der Störgröße wachsen somit ohne Grenze. Hierdurch nimmt die Teststatistik einen sehr hohen Wert an, was zu einer Ablehnung der Nullhypothese führt (rechtsseitiger Test).[98]

Im Allgemeinen ist die Annahme, dass ϵ_t White-Noise ist, zu restriktiv. Demnach findet häufig anstatt Gleichung (3.2-3) die modifizierte Teststatistik Anwendung:

$$LM = \frac{T^{-2} \sum_{t=1}^{T} S_t^2}{\hat{\sigma}^2(K)} \qquad (3.2\text{-}4)$$

mit

$$\hat{\sigma}^2(K) = T^{-1} \sum_{t=1}^{T} \hat{\epsilon}_t^2 + 2 \cdot T^{-1} \sum_{s=1}^{K} w(s,K) \sum_{t=s+1}^{T} \hat{\epsilon}_t \hat{\epsilon}_{t-s} \qquad (3.2\text{-}5)$$

---

[96] $S_t = \sum_{i=1}^{t} \hat{\epsilon}_t$ mit $t = 1, 2, ..., T$.

[97] $S_t = S_{t-1} + \hat{\epsilon}_t$.

[98] Für die kritischen Werte des KPSS-Tests siehe Kwiatkowski/Phillips/Schmidt/Shin, 1992, S. 166.

Im Nenner der Prüfgröße ist nun die langfristige Varianz σ^2 anstatt der Varianz der Resiuden σ_ε^2 zu schätzen.[99] Hierbei werden zusätzlich Autokovarianzen zwischen den $\hat{\varepsilon}_t$-Werten bis zum Lag K berücksichtigt. Um einen positiven Wert von $\hat{\sigma}^2(K)$ zu garantieren, ist eine optimale Gewichtung der Autokovarianzen mit $w(s,K)$ notwendig.[100] Die Wahl der „richtigen" Laglänge mit $K \to \infty$ für $T \to \infty$ ist entscheidend für die Konsistenz des Schätzers. Die Festlegung des Lagparameters K ist ein kritischer Punkt des Tests, da dieser sensibel auf die Größe von K reagiert. Es gibt zahlreiche Vorschläge für die Bestimmung der Laglänge, wobei $K = \sqrt{T}$[101] i. d. R. zufriedenstellende Ergebnisse sowohl unter H_0 als auch unter H_1 liefert.[102]

Ein weiterer Kritikpunkt des KPSS-Tests ist die mangelnde Trennschärfe zwischen einem AR-Prozess mit positivem Vorzeichen und einem Random Walk. Allgemein kann festgehalten werden, dass der Test bei AR-Prozessen mit $\rho > 0$ zu Fehlern 1. Art bzw. mit $\rho < 0$ zu Fehlern 2. Art neigt. Besitzt die zu untersuchende Zeitreihe jedoch eine moving-average-Komponente, führt der KPSS-Test zu „besseren" Ergebnissen als der augmented Dickey-Fuller-Test (ADF-Test),[103] der im Folgenden behandelt wird.

3.2.1.2 (Augmented) Dickey-Fuller-Test

Der erste und wohl bekannteste Test auf Einheitswurzeln ist der (augmented) Dickey-Fuller-Test (DF- bzw. ADF-Test), der auf seine Entwickler Dickey und Fuller (1979, 1981) zurückgeht.

Wie bereits in Kapitel 3.1 gezeigt wurde, handelt es sich bei Gleichung (3.1-2) mit $\rho = 1$ um einen nichtstationären Prozess bzw. einen Random Walk mit Drift.

---

[99] Sind die Residuen White-Noise gilt: $\sigma^2 = \sigma_\varepsilon^2$.

[100] Kwiatkowski, Phillips, Schmidt und Shin verwenden als optimale Gewichtung das Bartlett Fenster $w(s,K) = 1 - s/(K+1)$. Vgl. Kwiatkowski/Phillips/Schmidt/Shin, 1992, S. 164-165. Zur Gewichtungsfunktion siehe auch Newey/West, 1987, S. 704-705.

[101] Es wird hierbei auf die nächst kleinere, ganze Zahl abgerundet.

[102] Vgl. Kwiatkowski/Phillips/Schmidt/Shin, 1992, S. 165.

[103] Vgl. Eckey/Kosfeld/Dreger, 2004, S. 238.

Im Gegensatz hierzu liegt die Lösung des Lagpolynoms für $|\rho| < 1$ außerhalb des Einheitskreises und der Prozess ist somit stationär.[104] Bei einem AR(1)-Prozess ist also der Wert des Koeffizienten ρ entscheidend. Für die Prüfung eines solchen Prozesses stehen beim DF-Test folgende drei Modelle A, B, und C zur Verfügung:

Modell DF-A:

$$y_t = \rho \cdot y_{t-1} + \varepsilon_t \qquad (3.2\text{-}6)$$

Modell DF-B:

$$y_t = \mu + \rho \cdot y_{t-1} + \varepsilon_t \qquad (3.2\text{-}7)$$

Modell DF-C:

$$y_t = \mu + \alpha \cdot t + \rho \cdot y_{t-1} + \varepsilon_t \qquad (3.2\text{-}8)$$

Die Störgröße ε_t soll jeweils die Eigenschaften eines reinen Zufallsprozesses erfüllen. Die Nullhypothese bildet in den drei Modellen jeweils die Annahme, dass die Reihe y_t eine Einheitswurzel besitzt, d. h. $H_0 : \rho = 1$ bzw. y_t ist nichtstationär. Die Alternativhypothesen sind entsprechend: y_t ist ein stationärer AR(1)-Prozess mit einem Erwartungswert von Null (Modell DF-A), y_t ist stationär mit einem Erwartungswert ungleich Null (Modell DF-B) bzw. y_t ist ein trendstationärer Prozess (Modell DF-C). Für aussagekräftige Ergebnisse ist es unabdingbar, das „richtige" Modell zu wählen.

Das adäquate Modell kann dann mit der gewöhnlichen Kleinst-Quadrat-Methode (ordinary least squares, OLS) geschätzt werden, wobei zu beachten ist, dass unter H_0 die Regression „spurious" ist. Um die Nullhypothese $\rho = 1$ gegen die Alternative $|\rho| < 1$ zu prüfen, kann die übliche t-Statistik, hier τ, als Prüfgröße herangezogen werden. Allerdings gelten nicht die Werte der gewöhnlichen t-Verteilung, da der zu untersuchende Prozess unter H_0 – wie oben angeführt – nichtstationär ist. Die durch Simulationsstudien erzeugten kritischen

---

[104] Für $|\rho| > 1$ liegt die Lösung des charakteristischen Polynoms innerhalb des Einheitskreises und der Prozess ist explosiv. Da dieser Fall praktisch wenig relevant ist, wird er hier nicht näher behandelt.

Werte unterscheiden sich je nach Auswahl des Modells.[105] Neben der Einzelprüfung von ρ können mit Hilfe eines F-Tests – hier mit Φ bezeichnet – auch die gemeinsamen Hypothesen $H_0 : (\mu,\rho) = (0,1)$, $H_0 : (\mu,\alpha,\rho) = (0,0,1)$ bzw. $H_0 : (\mu,\alpha,\rho) = (\mu,0,1)$ überprüft werden.[106]

Bisher wurde lediglich der AR(1)-Prozess betrachtet. Für den allgemeinen AR(p)-Prozess

$$y_t = \theta_1 y_{t-1} + \theta_2 y_{t-2} + ... + \theta_p y_{t-p} + \varepsilon_t \qquad (3.2\text{-}9)$$

der zu

$$y_t = (\theta_1 + \theta_2 + ... + \theta_p) y_{t-1} + \Phi_1 \Delta y_{t-1} + ... + \Phi_{p-1} \Delta y_{t-p+1} + \varepsilon_t \qquad (3.2\text{-}10)$$

transformiert werden kann,[107] wird analog zu einem AR(1)-Prozess $\rho = \theta_1 + \theta_2 + ... + \theta_p = 1$ getestet. Dies ergibt sich auch aus Gleichung (3.1-5), da für eine Wurzel auf dem Einheitskreis, also $z = 1$, die Summe $\sum_{i=1}^{p} \theta_i$ Eins ergeben muss. Für den ADF-Test werden die Testgleichungen des DF-Tests (Gleichungen (3.2-6) – (3.2-8)) lediglich um gelagte Differenzen der y_t-Werte erweitert.[108] Anzumerken ist, dass der ADF-Test sehr sensibel auf die Anzahl der verzögerten Variablen reagiert. Für die Bestimmung der Lagordnung p-1 wird das Informationskriterium von Schwarz (BIC) oder der so genannte general-to-specific Ansatz[109] empfohlen.[110] Darüber hinaus sollte sich für die „korrekte" Wahl von p-1 stets an den White-Noise-Eigenschaften der Stör-

---

[105] Für die kritischen Werte siehe z. B. MacKinnon, 1991, S. 275.

[106] Vgl. Dickey/Fuller, 1981, S. 1058-1059 und Kirchgässner/Wolters, 2006, S. 148-149. Für die kritischen Werte siehe Dickey/Fuller, 1981, S. 1062-1063.

[107] Vgl. hierzu z. B. Rinne/Specht, 2002, S. 367-368.

[108] Für einen AR(p)-Prozess sind p-1 verzögerte Differenzen der endogenen Variablen aufzunehmen.

[109] Beim general-to-specific Ansatz wird mit der zuvor festgelegten maximalen Anzahl an Lags begonnen und iterativ die nicht signifikanten Lagvariablen eliminiert. Vgl. Hall, 1994, S. 464.

[110] Vgl. Madalla/Kim, 1998, S. 78.

größen orientiert werden. Die kritischen Werte des ADF-Tests sind identisch mit denen des DF-Tests.

Der Erweiterung für einen autoregressiven integrierten moving-average (ARIMA) Prozess der Ordnung (p, 1, q) haben sich Said und Dickey (1984) angenommen. Hierbei wird der MA-Teil des Prozesses durch einen entsprechenden AR-Term dargestellt, so dass nicht nur gelagte Werte für den AR-Teil sondern auch für den MA-Term aufgenommen werden. Said und Dickey zeigen, dass ein Prozess, dessen Ordnung (p und q) in aller Regel unbekannt ist, durch ein ARIMA(K, 1, 0)-Modell mit $K \leq \sqrt[3]{T}$ approximiert werden kann.[111] Hierbei wächst die Anzahl der Lagvariablen mit dem Stichprobenumfang, jedoch kontrolliert. Das Vorgehen ist analog zum ADF-Test mit einem autoregressiven Lagpolynom der Ordnung K-1.

Alternativ zu den bisher dargestellten DF-Testgleichungen finden bei empirischen Analysen häufig transformierte, jedoch äquivalente Modelle Anwendung. Es handelt sich bei dieser Transformation um die Subtraktion von y_{t-1} auf beiden Seiten der Gleichungen. Es ergeben sich für den allgemeinen Fall folgende Modelle:

Modell ADF-A:

$$\Delta y_t = \gamma \cdot y_{t-1} + \sum_{j=1}^{K} \Phi_j \Delta y_{t-j} + \varepsilon_t \qquad (3.2\text{-}11)$$

Modell ADF-B:

$$\Delta y_t = \mu + \gamma \cdot y_{t-1} + \sum_{j=1}^{K} \Phi_j \Delta y_{t-j} + \varepsilon_t \qquad (3.2\text{-}12)$$

Modell ADF-C:

$$\Delta y_t = \mu + \alpha \cdot t + \gamma \cdot y_{t-1} + \sum_{j=1}^{K} \Phi_j \Delta y_{t-j} + \varepsilon_t \qquad (3.2\text{-}13)$$

---

[111] Vgl. Said/Dickey, 1984, S. 599-600.

Es gilt $\gamma = \rho - 1$. Somit wird die Nullhypothese $H_0 : \gamma = 0$ jeweils gegen die Alternativhypothese $H_1 : \gamma < 0$ getestet. Der Vorteil dieser Vorgehensweise liegt einzig und allein darin, dass die meisten Software-Programme den benötigten Wert zum Testen eines Koeffizienten gegen Null automatisch ausweisen.[112]

3.2.1.3 Phillips-Perron-Test

Ein weiterer Test auf Einheitswurzeln ist das 1988 entwickelte Verfahren von Phillips und Perron (PP-Test). Die drei Ausgangsgleichungen des PP-Tests sind analog zum DF-Test die Gleichungen (3.2-6) und (3.2-7) für Modell PP-A (Modell ohne deterministische Terme) bzw. PP-B (Modell mit Konstante) sowie das folgende Regressionsmodell, welches die Trendvariable in zentrierter Form berücksichtigt:[113]

Modell PP-C:

$$y_t = \mu + \alpha \cdot \left(t - \frac{1}{2}T \right) + \rho \cdot y_{t-1} + \varepsilon_t \qquad (3.2\text{-}14)$$

Wie auch beim Verfahren von Dickey und Fuller stehen Teststatistiken sowohl für die Einzelprüfung von ρ als auch für die gemeinsame Prüfung mehrerer Koeffizienten zur Verfügung. Die Null- und Alternativhypothesen sowie die asymptotischen kritischen Werte sind beim PP-Test identisch mit denen des (A)DF-Tests.[114]

Im Gegensatz zum ADF-Test, bei dem eine Autokorrelation in den Residuen durch die Aufnahme zusätzlicher Regressoren aufgefangen wird (parametrischer Ansatz), wird beim PP-Test die Teststatistik angepasst (nicht-parametrischer Ansatz). Die Modifikation der Prüfgröße (Z-Statistik) erfolgt durch das Einbeziehen einer nicht-parametrischen Schätzung der korrigierten Varianz der Restgrößen.[115] Die Korrektur der Varianz wird analog zu Gleichung (3.2-5) vorgenommen, d. h. es gehen gewichtete Autokovarianzen zwischen den $\hat{\varepsilon}_t$-Werten

---

[112] Vgl. Rinne/Specht, 2002, S. 364.
[113] Vgl. Phillips/Perron, 1988, S. 337-338.
[114] Vgl. Phillips/Perron, 1988, S. 337-339.
[115] Für die Prüfgrößen siehe z. B. Kirchgässner/Wolters, 2006, S. 154-155.

in die Schätzung ein.[116] Die Gewichtung dieser Autokovarianzen wird, wie beim KPSS-Test, nach Bartlett vorgenommen.[117] Für die optimale Bestimmung der Laglänge K schlagen Phillips und Perron die Beziehung $K = \sqrt[4]{T}$ vor.[118]

Vorteile eines nicht-parametrischen Ansatzes gegenüber einer parametrischen Modellierung der Autokorrelation der Restwerte sind u. a.: Kein zusätzlicher Verlust an Freiheitsgraden, die Störgröße muss weniger starke Annahmen erfüllen und die Prüfgröße reagiert weniger sensibel auf kleine Änderungen der Laglänge K.[119] Nachteilig gegenüber dem ADF-Test ist dagegen, dass eine formale Überprüfung der Residuen auf einen reinen Zufallsprozess nicht möglich ist, da in der zu schätzenden Regressionsgleichung keine Lags aufgenommen werden.

3.2.1.4 Schmidt-Phillips-Test

Schmidt und Phillips haben im Jahre 1992 ein alternatives Testverfahren auf Einheitswurzeln für den Fall mit deterministischem linearem Trend entwickelt (SP-Test). Dieser Test basiert auf dem LM-Prinzip. Das Ausgangsmodell dieses Verfahrens bilden die Gleichungen (3.1-6) und (3.1-7) mit der Annahme, dass die Residuen ε_t White-Noise sind.[120]

Die Schätzung des Modells erfolgt mit der Maximum-Likelihood (ML)-Methode, wobei die Annahme einer unit root, also $\rho = 1$, als Restriktion in die restringierte Schätzung eingeht. Unter der Bedingung, dass y_t eine Einheitswurzel aufweist, kann die Zeitreihe auch wie folgt dargestellt werden:

$$y_t = \delta_0 + \delta_1 \cdot t + u_0 + \sum_{i=1}^{t} \varepsilon_i \qquad (3.2\text{-}15)$$

Aufgrund der eingeführten Restriktion wird beim SP-Test – im Gegensatz zu den bisher dargestellten Testverfahren – die Gleichung (3.2-15) nach einmaliger

---

[116] Vgl. Phillips/Perron, 1988, S. 340.
[117] Vgl. Kirchgässner/Wolters, 2006, S. 154.
[118] Vgl. Phillips/Perron, 1988, S. 340. K wird auf die nächst kleinere, ganze Zahl abgerundet.
[119] Vgl. Phillips/Perron, 1988, S. 336 und Perron, 1988, S. 299.
[120] Vgl. Schmidt/Phillips, 1992, S. 258.

Differenzbildung geschätzt, um eine Scheinregression zu vermeiden. Durch die Differenzbildung entfällt der Trendterm, so dass Δy_t lediglich auf die Konstante δ_1 regressiert wird.[121] Anhand des geschätzten Parameters $\hat{\delta}_1$ kann φ mit $\varphi = \delta_0 + u_0$ identifiziert werden.[122] Unter Berücksichtigung der geschätzten Koeffizienten ergibt sich aus Gleichung (3.2-15) folgende Beziehung für die Residuen:[123]

$$\hat{S}_t^{SP} = y_t - \hat{\varphi} - \hat{\delta}_1 \cdot t = \sum_{i=1}^{t} \varepsilon_i \qquad (3.2\text{-}16)$$

Die so ermittelten Restwerte gehen wiederum in die folgende Testgleichung ein:[124]

$$\Delta y_t = c + \gamma \cdot \hat{S}_{t-1}^{SP} + \omega_t \qquad (3.2\text{-}17)$$

Die Terme c und ω_t bezeichnen die Konstante bzw. die Störgröße der Testgleichung. Es soll überprüft werden, ob $\gamma = \rho - 1 = 0$ in Gleichung (3.2-17) gilt. Hierzu wird die LM-Teststatistik $\tilde{\tau}$, analog zur üblichen t-Statistik, herangezogen.[125]

Es lässt sich außerdem zeigen, dass die Testgleichung des DF-Tests[126] wie folgt dargestellt werden kann:[127]

$$\Delta y_t = c + \gamma \cdot \hat{S}_{t-1}^{ADF} + \omega_t \qquad (3.2\text{-}18)$$

---

[121] Der Schätzwert der Konstanten entspricht dem Mittelwert von Δy_t.

[122] Vgl. hierzu detailliert Schmidt/Phillips, 1992, S. 259.

[123] Aufgrund der Bedingung einer unit root entsprechen die Residuen jeweils der Partialsumme der Restwerte.

[124] Vgl. Schmidt/Phillips, 1992, S. 260.

[125] Vgl. Schmidt/Phillips, 1992, S. 260. Für die durch Simulationen ermittelten kritischen Werte siehe Schmidt/Phillips, 1992, S. 264-265.

[126] Es wird lediglich der Fall mit Konstante und deterministischem Trend (Gleichung (3.2-8)) betrachtet. Für den DF-Test allgemein siehe Kapitel 3.2.1.2.

[127] Vgl. hierzu z. B. Maddala/Kim, 1998, S. 83-84. In Anhang 1, S. 167-168 wird exemplarisch gezeigt, dass die Darstellungsformen zum identischen Ergebnis hinsichtlich des Vorliegens einer Einheitswurzel führen.

Es bezeichnet $\hat{S}_{t-1}^{ADF}$ die Residuen einer Regression von y_{t-1} auf ein Absolut-glied und einen deterministischen Trend. Auch in Gleichung (3.2-18) wird über-prüft, ob γ den Wert Null annimmt.

Der Unterschied zwischen den beiden Testgleichungen besteht also in der Bestimmung der Störgrößen S_{t-1}, die hier als Regressor eingehen. Obwohl die Residuen der beiden Gleichungen (3.2-17) und (3.2-18) Restgrößen einer Gleichung im Niveau sind, weicht die Parameterschätzung zur Bestimmung von S_{t-1} bzw. S_t voneinander ab: Die geschätzten Koeffizienten zur Berechnung von $\hat{S}_{t-1}^{SP}$ stammen aus einem Modell in Differenzen, wohingegen für $\hat{S}_{t-1}^{ADF}$ Schätzkoeffizienten eines Modells im Niveau herangezogen werden.[128]

Besitzen die Restwerte ε_t im Ausgangsmodell nicht die Eigenschaften eines reinen Zufallsprozesses, kann – wie beim PP-Test – die Autokorrelation in den Residuen durch die Modifikation der Teststatistik $\tilde{\tau}$ aufgefangen werden.[129] Die Anpassung der Prüfgröße ist hierbei jedoch wesentlich einfacher als die des PP-Tests. Der gewöhnliche t-Wert wird lediglich mit dem konsistent geschätzten Quotienten $\dfrac{\hat{\sigma}(K)}{\hat{\sigma}_{\hat{\varepsilon}}}$ multipliziert, wobei $\hat{\sigma}(K)$ die Wurzel aus der geschätzten langfristigen Varianz[130] und $\hat{\sigma}_{\hat{\varepsilon}}$ den Schätzer für die Standardabweichung der Residuen darstellt.[131] Für die optimale Bestimmung der Laglänge K schlagen Schmidt und Phillips – analog zum KPSS-Test – die Funktion $K = \sqrt{T}$ vor.[132] Es ist zu beachten, dass für einen konsistenten Test die Residuen einer Regression mit Niveaugrößen, also entsprechend der DF-Testgleichung (3.2-8), verwendet werden müssen.[133]

---

[128] Vgl. Schmidt/Phillips, 1992, S. 260.

[129] Es genügt hier, wenn die Restgrößen „schwächere" Bedingungen erfüllen, die identisch mit denen des PP-Tests sind. Vgl. Schmidt/Phillips, 1992, S. 263. Für die Annahmen siehe Phillips/Perron, 1988, S. 336.

[130] Diese langfristige Varianz unterscheidet sich von Gleichung (3.2-5) insofern, als die Gewichtung der Autokovarianzen entfällt. Vgl. Schmidt/Phillips, 1992, S. 266.

[131] Vgl. Schmidt/Phillips, 1992, S. 266-267.

[132] Vgl. Schmidt/Phillips, 1992, S. 266.

[133] Vgl. Schmidt/Phillips, 1992, S. 267.

Weiterhin besteht die Möglichkeit eine Autokorrelation dadurch aufzufangen, indem verzögerte Differenzen von S_t oder y_t in die Testgleichung aufgenommen werden.[134]

Schmidt und Phillips haben ihr Testverfahren auch hinsichtlich Trendkomponenten höherer Ordnung erweitert und die dafür notwendigen kritischen Werte (bis zu einem Polynom 4. Grades) bestimmt.[135]

3.2.1.5 Elliott-Rothenberg-Stock-Test

Da Einheitswurzeltests häufig der Kritik einer geringen Macht ausgesetzt sind, haben Elliott, Rothenberg und Stock im Jahre 1992 eine Testprozedur (ERS-Test) entwickelt, die die Macht des ADF-Tests optimiert,[136] d. h. die Gütefunktion des ERS-Tests verläuft steiler als die des (A)DF-Tests. Die Modifikation des (A)DF-Tests liegt in der Schätzung der Parameter, die den deterministischen Term charakterisieren. Elliott, Rothenberg und Stock verwenden hierfür die verallgemeinerte Methode der kleinsten Quadrate (generalized least squares, GLS).

Der Ablauf des ERS-Tests ist zweistufig: Zunächst wird die Originalreihe y_t mit Hilfe einer GLS-Schätzung mittelwert- bzw. trendbereinigt und anschließend die bereinigte Reihe $\tilde{y}_t$ mit dem ADF-Test (ohne deterministische Variablen, vgl. Gleichung (3.2-11)) auf das Vorliegen einer unit root untersucht.

Für die im ersten Schritt durchzuführende Trendbereinigung ist – gemäß dem GLS-Ansatz – eine Transformation der Ausgangsvariablen notwendig. Anstatt der Beobachtungen $y_1, y_2, ..., y_T$ werden die transformierten Werte $y_1, (1-\rho L)y_2, ..., (1-\rho L)y_T$ als abhängige Größen herangezogen. Es werden also quasi erste Differenzen gebildet, wobei jeweils der Wert der Vorperiode mit ρ gewichtet wird, um eine Autokorrelation zu berücksichtigen.[137] Der determi-

---

[134] Vgl. Schmidt/Phillips, 1992, S. 276 sowie Lee/Strazicich, 2003, S. 1083.

[135] Vgl. Schmidt/Phillips, 1992, S. 265 und S. 267-269.

[136] Vgl. Harris/Sollis, 2003, S. 58.

[137] Hierbei wird ρ, entsprechend der Alternativhypothese eines Einheitswurzeltests, kleiner als Eins gewählt.

nistische Teil des Modells x_t wird analog transformiert, so dass die Werte $x_1, (1-\rho L)x_2, ..., (1-\rho L)x_T$ als Erklärungsgrößen in die Regression einfließen.[138] Enthält das Modell lediglich eine Konstante (Modell ERS-K) dann ist der deterministische Teil des Modells durch $x_t = 1$ gegeben. Für den Fall mit Konstante und Trend (Modell ERS-T) gilt dagegen $x_t = (1, t)'$. Der Faktor ρ ist wie folgt definiert:[139]

$$\rho = 1 + \frac{\overline{c}}{T} \qquad (3.2\text{-}19)$$

Hierbei variiert $\overline{c}$ je nach Wahl des Modells: Ist lediglich eine Konstante im Modell enthalten, nimmt $\overline{c}$ den Wert -7 an; im Fall mit Konstante und Trend gilt $\overline{c} = -13,7$.[140] Weiterhin ist ρ von der Stichprobengröße T abhängig. Anhand Gleichung (3.2-19) wird deutlich, dass ρ einen Wert kleiner, jedoch nahe bei Eins annimmt.[141]

Unter Berücksichtigung der durch die GLS-Schätzung ermittelten Koeffizienten kann für den allgemeinen Fall (Modell ERS-T) folgende Gleichung bzw. trendbereinigte Reihe $\tilde{y}_t$ bestimmt werden:[142]

$$\hat{\tilde{y}}_t = y_t - \hat{\mu} - \hat{\alpha} \cdot t \qquad (3.2\text{-}20)$$

In der zweiten Stufe der Testprozedur wird dann die bereinigte Reihe $\hat{\tilde{y}}_t$ einem ADF-Test unterzogen. Die Testgleichung lautet:[143]

---

[138] Vgl. Madalla/Kim, 1998, S. 114.

[139] Vgl. Elliott/Rothenberg/Stock, 1996, S. 825.

[140] Diese Werte wurden durch Simulationen bestimmt. Vgl. hierzu Elliott/Rothenberg/Stock, 1996, S. 820-826.

[141] Wird dagegen die Bedingung $\rho = 1$ gewählt, also die Gültigkeit der Nullhypothese vorausgesetzt, befinden wir uns im Weltbild der LM-Tests, zu denen auch der SP-Test zählt. Vgl. Vougas, 2007, S. 224 und Maddala/Kim, 1998, S. 115.

[142] Vgl. Maddala/Kim, 1998, S. 114. Ist lediglich eine Mittelwertbereinigung notwendig, also Modell ERS-K adäquat, entfällt der Trendterm in Gleichung (3.2-20).

[143] Vgl. Elliott/Rothenberg/Stock, 1996, S. 824.

$$\Delta\hat{\tilde{y}}_t = \gamma \cdot \hat{\tilde{y}}_{t-1} + \sum_{j=1}^{K} \Phi_j \Delta\hat{\tilde{y}}_{t-j} + \varepsilon_t \qquad (3.2\text{-}21)$$

Gleichung (3.2-21) enthält keine deterministischen Regressoren, da diese bereits in der ersten Stufe eliminiert wurden. Zur Überprüfung der Nullhypothese $H_0 : \gamma = 0$ gegen die Alternative $H_1 : \gamma < 0$ wird der übliche t-Test auf Signifikanz durchgeführt.[144] Die kritischen Werte für den allgemeinen Fall mit Konstante und Trend wurden durch Simulationen ermittelt.[145] Ist im Modell lediglich eine Konstante enthalten, gelten die Werte des (A)DF-Tests entsprechend der Gleichung ohne deterministische Komponenten.[146]

3.2.2   Problematik der Ausreißer und Strukturbrüche

Möchte man überprüfen, ob ein datengenerierender Prozess eine Einheitswurzel besitzt, und unterliegt die zur Überprüfung herangezogene Realisation – also die vorliegende Zeitreihe y_t – einem Strukturbruch, kann die Anwendung der bisher dargestellten Standard-Testverfahren zu falschen Ergebnissen hinsichtlich des Integrationsgrades führen.

Zunächst wird allgemein auf die Problematik von Ausreißern eingegangen, wobei die zwei wichtigen Typen „additiver Ausreißer" (additive outlier bzw. AO) und „Ausreißer in den Innovationen" (innovation outlier bzw. IO) dargestellt werden. Bei beiden Arten handelt es sich jeweils um einen einmaligen Ausreißer.

Beinhaltet ein Prozess einen AO, erfolgt die Anpassung an den ursprünglichen Verlauf der Reihe unmittelbar nach dem entsprechenden Effekt. Dies bedeutet, dass die Zeitreihe y_t einen einzigen Beobachtungspunkt aufweist, der von dem übrigen Verlauf der Datenreihe abweicht. Des Weiteren wirkt sich ein AO auf die Residuen des geschätzten Modells aus. Wird beispielsweise ein stationärer AR(1)-Prozess betrachtet und der AO vernachlässigt, sind die geschätzten Residuen des Modells durch zwei große, zeitlich aufeinanderfolgende Werte

---

[144] Vgl. Elliott/Rothenberg/Stock, 1996, S. 824.
[145] Für die kritischen Werte siehe Elliott/Rothenberg/Stock, 1996, S. 825.
[146] Vgl. Elliott/Rothenberg/Stock, 1996, S. 824.

gekennzeichnet. Dies liegt darin begründet, dass sich zum Zeitpunkt des Ausreißers der AO selbst in voller Höhe auswirkt; in der Folgeperiode ergibt sich dann der hohe Restwert durch den Einfluss über den autoregressiven Koeffizienten.[147] In Abbildung 3-1 ist exemplarisch aufgrund einer hypothetischen Zeitreihe dargestellt, wie sich ein AO sowohl auf die Zeitreihe als auch auf die zugehörigen Residuen auswirken kann. Die Ursache für einen solchen AO liegt außerhalb des eigentlichen wirtschaftlichen Umfelds, welches die Datenreihe generiert.[148] Eine mögliche Ursache ist z. B. ein einmaliger Messfehler.[149]

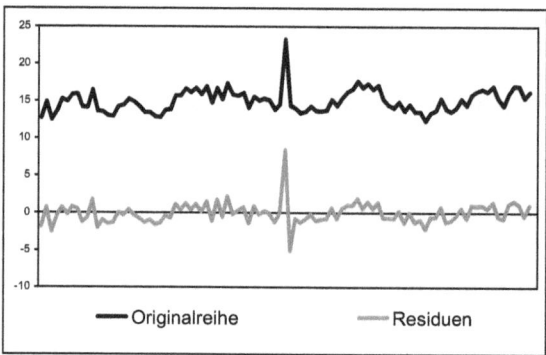

Abbildung 3-1:   Additiver Ausreißer in einem stationären AR(1)-Prozess

Wird ein AO bei der Schätzung des Modells nicht berücksichtigt, ist der autoregressive Koeffizient $\hat{\rho}$ in Richtung Null verzerrt.[150] Je größer der Ausreißer ist (in Relation zur Größenordnung der Datenreihe), desto stärker ist die Verzerrung nach unten.[151] Nimmt also der wahre Wert von ρ den Wert Eins an, ist der

---

[147] Vgl. Franses, 1998, S. 131.

[148] Vgl. Franses, 1998, S. 131.

[149] Wird beispielsweise in der Simulation aus Abbildung 3-1 angenommen, dass die Ursache des Ausreißers ein Messfehler in Höhe von 8 ist, so ergibt sich der Wert zum Zeitpunkt des Ausreißers aus der Addition des eigentlichen Wertes ohne Ausreißer (hier: 15,3) und des Messfehlers (hier: 8). Daher auch die Bezeichnung „additiver Ausreißer".

[150] Vgl. Franses, 1998, S. 129.

[151] Eigene Simulationen haben gezeigt, dass bei einem sehr großen AO der geschätzte Koeffizient nahezu Null ist, und somit der Wert der Vorperiode kaum bis keinen Einfluss auf den aktuellen Wert besitzt. Dies schlägt sich auch in den geschätzten Residuen nieder, so dass hier lediglich ein großer Wert in der Störgröße festgestellt werden kann, da der gelagte Wert der Zeitreihe im Grunde nicht mehr in die Bestimmung des aktuellen Wertes einfließt.

geschätzte Wert $\hat{\rho}$ kleiner als Eins, wenn ein AO bei der Schätzung nicht berücksichtigt wird.[152] Demnach neigen Einheitswurzeltests bei Vernachlässigung von AOs dazu, (fälschlicherweise) die Stationarität einer Reihe anzuzeigen.

Im Gegensatz zu einem AO wirkt ein IO auf die Zeitreihe wie jeder andere Schock auch,[153] d. h. der Ausreißer wirkt über die Dynamik des Modells. Die Anpassung nach einem IO erfolgt demnach sukzessive. Je höher der Wert des autoregressiven Koeffizienten ist, desto länger dauert die Anpassung an den ursprünglichen Verlauf.[154] Es sei bereits an dieser Stelle angemerkt, dass im Falle einer unit root, also $\rho = 1$, der Effekt niemals ausstirbt und somit der IO eine anhaltende Veränderung zur Folge hat. Bei empirischen Anwendungen kann es also äußerst schwierig sein, einen stochastischen Prozess mit einem IO von einem stationären Prozess mit einer permanenten Niveauverschiebung (z. B. in Folge eines Strukturbruches) zu unterscheiden.[155] Wird erneut ein stationärer AR(1)-Prozess betrachtet, so kann festgehalten werden, dass durch die allmähliche Anpassung an die ursprünglichen Gegebenheiten die Residuen durch lediglich einen großen Wert gekennzeichnet sind. In Abbildung 3-2 ist exemplarisch aufgrund einer hypothetischen Zeitreihe dargestellt, wie sich ein IO sowohl auf die Datenreihe als auch auf die zugehörigen Residuen auswirken kann.

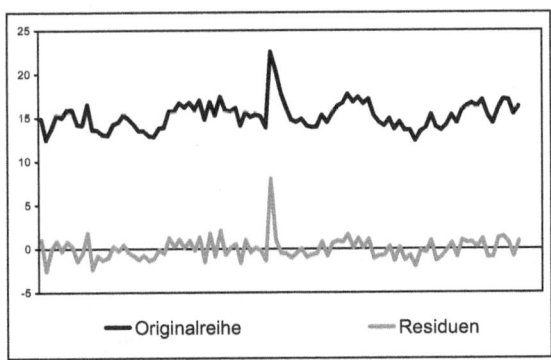

Abbildung 3-2:   Ausreißer in den Innovationen eines stationären AR(1)-Prozesses

---

[152] Vgl. Franses, 1998, S. 148.
[153] Vgl. Perron, 1989, S. 1380.
[154] Vgl. Franses, 1998, S. 35.
[155] Vgl. Franses, 1998, S. 147.

Wird ein IO bei der Schätzung des Modells außer Acht gelassen, hat dies nahezu keinerlei Verzerrung des Parameterwertes $\hat{\rho}$ zur Folge; allerdings ist von einem verzerrten Schätzwert für μ auszugehen.[156]

Im Gegensatz zu den einzelnen Ausreißern AO und IO kann ein Prozess auch einer Reihe von Ausreißern (Kombinationen aus AOs und / oder IOs) unter-liegen. Wird z. B. – wie oben beschrieben – der Fall eines stochastischen Pro-zesses mit einem IO betrachtet, so kann der resultierende anhaltende Effekt (z. B. eine permanente Niveauverschiebung) auch bei einer Zeitreihe mit $\rho < 1$ durch eine Folge von AOs dargestellt werden.

Erfährt eine Zeitreihe y_t eine permanente Veränderung im Niveau und / oder im Anstiegsmaß, wird i. d. R. von einem Strukturbruch gesprochen. Hierbei kann die Anpassung an die neuen Gegebenheiten entweder abrupt (analog zu einem AO) oder graduell (analog zu einem IO) erfolgen. In Abbildung 3-3 werden vereinfacht drei Zeitreihen gezeigt, die sich hinsichtlich der Art bzw. der Folgen eines Strukturbruches unterscheiden. Die exemplarische Darstellung beschränkt sich auf den Fall einer sofortigen Anpassung an die neuen Gegebenheiten.

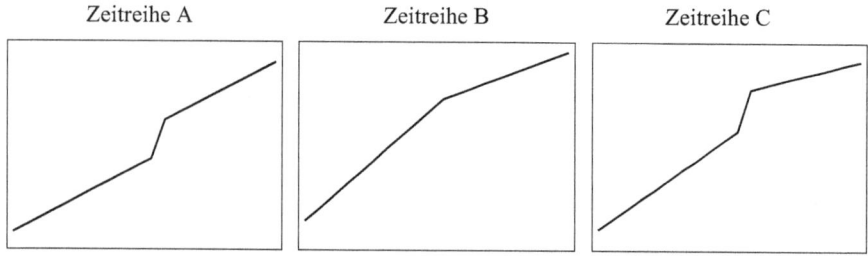

Abbildung 3-3:   Zeitreihen mit Strukturbruch

Die Reihe A unterliegt einem Sprung im Niveau, in der Zeitreihe B ändert sich die Steigung bzw. der Trend und die Reihe C stellt eine Kombination der beiden erstgenannten Effekte dar, sowohl eine Veränderung im Niveau als auch im Anstieg. Unabhängig von der Art des Bruches (Zeitreihe A, B oder C) schlägt sich die permanente Wirkung eines Strukturbruches im Grunde in einer

---

[156] Vgl. Franses, 1998, S. 136.

dauerhaften Veränderung der Trendfunktion[157] – in Form neuer Koeffizientenwerte – nieder.

Wird ein Strukturbruch – wie beispielsweise die deutsche Wiedervereinigung – nicht explizit in der Schätzgleichung modelliert und taucht der Bruch somit in der Störfunktion des Modells auf, dann wird der weitere Verlauf der Zeitreihe durch diesen „Schock" dauerhaft beeinflusst. Wird dieser Sachverhalt bei Vorliegen eines (trend)stationären Prozesses falsch interpretiert, also eine dauerhafte Wirkung von Schocks angenommen, resultieren Fehlschlüsse bezüglich des Trendverhaltens einer Zeitreihe, da gerade die Permanenz der Schocks ein Charakteristikum eines stochastischen Prozesses ist.

Für die Schätzung eines AR-Prozesses bedeutet dies, dass der Koeffizient $\hat{\rho}$ bei Vernachlässigung von Strukturbrüchen nach Eins verzerrt ist.[158] Es kann festgehalten werden, dass, je größer die Veränderung infolge eines Strukturbruches ist, desto stärker die Verzerrung des autoregressiven Koeffizienten in Richtung Eins ist.[159] Die Standard-Einheitswurzeltests interpretieren dies (fälschlicherweise) als unit root, und liefern damit ggf. ein falsches Ergebnis.

Vor dem Hintergrund, dass bei zeitreihenanalytischen Untersuchungen möglichst lange Zeitreihen betrachtet werden sollten, diese jedoch i. d. R. und insbesondere mit zunehmendem Zeithorizont nicht frei von Strukturbrüchen sind, ist die Wahrscheinlichkeit eines Bruches in der Reihe sehr hoch. Um die Problematik eines oder mehrerer Strukturbrüche zu umgehen, könnte man eine getrennte Betrachtung der Zeitreihe vor und nach dem Strukturbruch vornehmen. Dies reduziert allerdings wieder den Stichprobenumfang. Um einen Ausweg aus diesem Dilemma zu finden, wurde dem Aspekt „Einheitswurzeltest unter Strukturbrüchen" besondere Aufmerksamkeit geschenkt. Für verlässliche Aussagen ist die Entwicklung und Anwendung von statistischen Methoden unter Berücksichtigung solcher Brüche unerlässlich.

---

[157] Allgemeine Trendfunktion: $TF = \mu + \alpha t$.

[158] Vgl. Perron, 1989, S. 1369.

[159] Für ein Monte-Carlo-Experiment zu dieser Thematik siehe z. B. Perron, 1989, S. 1368-1372 und Perron, 1990, S. 155-156.

Im Rahmen dieser Arbeit werden insbesondere Zeitreihen mit Strukturbruch (im Zuge der Wiedervereinigung) betrachtet. Die Differenzbildung einer solchen Datenreihe mit Niveaubruch liefert eine Zeitreihe mit einem AO. Dagegen sind die ersten Differenzen einer Zeitreihe mit einem AO durch zwei zeitlich aufeinander folgende AOs gekennzeichnet. Im Folgenden werden alternative Testverfahren dargestellt, die Ausreißer und Strukturbrüche explizit berücksichtigen. Die präsentierten Verfahren mit Strukturbruch unterscheiden sich u. a. in der Festlegung des Bruches (exogen vs. endogen) und der Anzahl der zugelassenen Brüche (ein Bruch vs. zwei Brüche).

3.2.3   Tests bei Vorliegen von Ausreißern und Strukturbrüchen

3.2.3.1   Franses-Haldrup-Test bei additiven Ausreißern

In diesem Abschnitt wird zunächst ein Verfahren dargestellt, welches sich zur Überprüfung von Zeitreihen auf Einheitswurzeln in Anwesenheit eines oder mehrerer AOs eignet. Die Vorgehensweise dieser Testprozedur (FH-Test) erfolgt in Anlehnung an Franses und Haldrup (1994).[160]

Die Grundlage für den FH-Test bildet der ADF-Test. Demnach können drei verschiedene Modelle herangezogen werden, die sich hinsichtlich ihrer deterministischen Variablen (Konstante, linearer Trend) unterscheiden. Um den verzerrenden Einfluss eines bzw. mehrerer AOs auf den Koeffizientenschätzer $\hat{\rho}$ bzw. $\hat{\gamma}$ zu eliminieren, werden in die Testgleichung Dummy-Variablen aufgenommen. Für jeden AO wird eine Dummy-Variable gebildet, die jeweils zum Zeitpunkt des Ausreißers den Wert Eins annimmt und sonst gleich Null ist. Für den allgemeinen Fall (Modell FH-C) lautet die Testgleichung wie folgt:[161]

$$\Delta y_t = \mu + \alpha \cdot t + \gamma \cdot y_{t-1} + \sum_{j=0}^{K+1} \sum_{i=1}^{m} \pi_{0,ji} AO_{i,t-j} + \sum_{j=1}^{K} \Phi_j \Delta y_{t-j} + \varepsilon_t \qquad (3.2-22)$$

---

[160] Vgl. hierzu Franses/Haldrup, 1994, S. 471-478.

[161] Die Modelle FH-A und FH-B unterscheiden sich analog zum ADF-Test in der Deterministik (Konstante, linearer Trend) des Modells.

Aus Gleichung (3.2-22) wird deutlich, dass für jeden Ausreißer i mindestens zwei Dummy-Variablen aufgenommen werden, nämlich AO_t und AO_{t-1} ($K = 0$). Ist die Aufnahme von K gelagten Differenzen der endogenen Variablen erforderlich, um eine Autokorrelation in den Residuen aufzufangen, erhöht sich die Zahl der verzögerten Dummies für jeden Ausreißer um K.

Analog zum ADF-Test wird anhand des üblichen t-Tests überprüft, ob der Koeffizient γ den Wert Null annimmt, also die Zeitreihe eine Wurzel auf dem Einheitskreis aufweist. Es gelten die kritischen Werte des ADF-Tests.[162]

3.2.3.2 Perron-Test bei exogenem Strukturbruch

Perron nahm sich 1989 zuerst der Herausforderung „Einheitswurzeltest mit Strukturbruch" an und entwickelte für trendbehaftete Zeitreihen ein Testverfahren, welches – aufbauend auf dem DF-Test – eine einmalige Veränderung im Niveau und / oder der Steigung zulässt. In den darauf folgenden Jahren hat Perron, teilweise in Zusammenarbeit mit Vogelsang, dieses Testverfahren erweitert und notwendige, korrigierende Modifikationen vorgenommen.[163] Bei dem Test von Perron (P-Test) wird vorausgesetzt, dass der Zeitpunkt des Strukturbruches TB (mit $1 < TB < T$) bekannt ist.

Je nach Anpassungspfad (abrupt vs. graduell) ist ein so genanntes AO- bzw. IO-Modell zu wählen. Die weitere Vorgehensweise des Tests hängt von der Modellwahl ab. Bei einem AO-Modell erfolgt die Überprüfung auf eine Einheitswurzel in einem zweistufigen Prozess: In einem ersten Schritt wird die Zeitreihe y_t trend- bzw. mittelwertbereinigt. Hierzu wird, je nach Eigenschaften der Reihe, eine der folgenden Gleichungen (Trendfunktionen) geschätzt:[164]

Bruch im Niveau, kein linearer Trend (Modell P-AO-0):
$$y_t = \mu + \pi_1 DU_t + \tilde{y}_t \qquad (3.2\text{-}23)$$

---

[162] Vgl. Franses/Haldrup, 1994, S. 476.
[163] Für die Erweiterungen und Korrekturen siehe die Arbeiten von Perron/Vogelsang (1993), Perron (1990) und Perron/Vogelsang (1992).
[164] Vgl. Perron, 1990, S. 156 sowie Perron, 1989, S. 1373.

$\tilde{y}_t$ sei die Störgröße der Regression und stellt somit die bereinigte Reihe dar. Für die Dummy-Variable DU_t gilt: $DU_t = 1$ für $t > TB$, 0 sonst.[165]

Bruch im Niveau, linearer Trend (Modell P-AO-A):

$$y_t = \mu + \alpha \cdot t + \pi_1 DU_t + \tilde{y}_t \qquad (3.2\text{-}24)$$

Bruch im Anstieg, linearer Trend (Modell P-AO-B):

$$y_t = \mu + \alpha \cdot t + \pi_2 DTS_t + \tilde{y}_t \qquad (3.2\text{-}25)$$

Es gilt: $DTS_t = t - TB$ für $t > TB$, 0 sonst.[166]

Bruch im Niveau und im Anstieg, linearer Trend (Modell P-AO-C):

$$y_t = \mu + \alpha \cdot t + \pi_1 DU_t + \pi_3 DT_t + \tilde{y}_t \qquad (3.2\text{-}26)$$

Es gilt: $DT_t = t$ für $t > TB$, 0 sonst.[167]

Durch die Dummy-Variablen wird ein bestimmtes Ereignis (die Ursache für den Strukturbruch) im deterministischen Teil des Modells aufgenommen, so dass sich der Effekt nicht in der Störfunktion niederschlägt.

Im zweiten Schritt des Tests werden die geschätzten Residuen $\hat{\tilde{y}}_t$ anhand folgender Gleichung auf das Vorliegen einer unit root überprüft:[168]

$$\hat{\tilde{y}}_t = \rho \cdot \hat{\tilde{y}}_{t-1} + \sum_{j=0}^{K} \pi_{4,j} DTB_{t-j} + \sum_{j=1}^{K} \Phi_j \Delta \hat{\tilde{y}}_{t-j} + \varepsilon_t \qquad (3.2\text{-}27)$$

Die Schätzung von Gleichung (3.2-27) erfolgt mit OLS, und die Störgröße ε_t soll die Eigenschaften eines reinen Zufallsprozesses erfüllen. Um dies zu gewährleisten, werden analog zum ADF-Test verzögerte Differenzen der endogenen

---

[165] Vgl. Perron, 1989, S. 1364.
[166] Vgl. Perron, 1989, S. 1364.
[167] Vgl. Perron, 1989, S. 1364.
[168] Vgl. Perron/Vogelsang, 1992, S. 468 und Perron/Vogelsang, 1993, S. 248.

Variablen (hier: $\hat{\tilde{y}}_t$) in die Testgleichung aufgenommen.[169] Die Dummy-Variable DTB_t ist wie folgt definiert: $DTB_t = 1$ für $t = TB + 1$, 0 sonst. Werden K verzögerte Differenzen von $\hat{\tilde{y}}_t$ in die Testgleichung aufgenommen, werden auch K Verzögerungen von DTB_t berücksichtigt. Die Summe dieser Dummy-Variablen ist lediglich bei den Modellen mit einer Niveauverschiebung (Modelle P-AO-0, P-AO-A und P-AO-C) relevant.[170] Folglich entfällt dieser Term, wenn Modell P-AO-B betrachtet wird.

Entsprechend der Standard-Einheitswurzeltests wird anhand Gleichung (3.2-27) die Nullhypothese einer unit root ($\rho = 1$) überprüft.[171] Der entscheidende Unterschied liegt darin, dass sowohl unter H_0 als auch unter H_1 ein Strukturbruch zugelassen wird. Die kritischen Werte unterscheiden sich für die einzelnen Modelle und sind abhängig von der Stichprobengröße vor dem Strukturbruch TB in Relation zum gesamten Stichprobenumfang T $\left(\lambda = \frac{TB}{T}\right)$.[172] Für $\lambda = 0$ bzw. $\lambda = 1$ sind die kritischen Werte für alle Modelle identisch und entsprechen denen des (A)DF-Tests.[173]

Passt sich die Zeitreihe nach einem Strukturbruch an die neuen Gegebenheiten sukzessive an, sollte ein IO-Modell betrachtet werden. Wirkt ein Bruch lediglich auf das Anstiegsmaß der Zeitreihe und soll gleichzeitig – wie es der P-Test vorsieht – ein Strukturbruch unter H_0 zugelassen werden, ergeben sich Probleme bei der Umsetzung des Tests, so dass dieser Fall im Folgenden vernachlässigt wird.[174]

Im Weltbild der IO-Modelle ergibt sich die Testgleichung jeweils durch die Verschachtelung von H_0 und H_1.[175] Die nachstehenden Ausgangsgleichungen

---

[169] Alternativ kann auch der Ansatz von Phillips und Perron gewählt werden, um eine Autokorrelation in den Residuen aufzufangen.

[170] Vgl. Perron/Vogelsang, 1993, S. 248.

[171] Es wird die übliche t-Statistik angewandt.

[172] Vgl. Perron, 1989, S. 1375. Für die kritischen Werte siehe Perron, 1989, S. 1376-1377, Perron/Vogelsang, 1993, S. 249 und Perron, 1990, S. 158.

[173] Vgl. Maddala/Kim, 1998, S. 400.

[174] Zu dieser Problematik siehe Perron, 1989, S. 1380-1381.

[175] Vgl. Perron, 1989, S. 1380.

können – in Abhängigkeit der Zeitreiheneigenschaften – für die einstufige Testprozedur formuliert werden:[176]

Bruch im Niveau, kein linearer Trend (Modell P-IO-0):

$$y_t = \mu + \pi_1 DU_t + \pi_4 DTB_t + \rho \cdot y_{t-1} + \sum_{j=1}^{K} \Phi_j \Delta y_{t-j} + \varepsilon_t \qquad (3.2-28)$$

Bruch im Niveau, linearer Trend (Modell P-IO-A):

$$y_t = \mu + \alpha \cdot t + \pi_1 DU_t + \pi_4 DTB_t + \rho \cdot y_{t-1} + \sum_{j=1}^{K} \Phi_j \Delta y_{t-j} + \varepsilon_t \qquad (3.2-29)$$

Bruch im Niveau und im Anstieg, linearer Trend (Modell P-IO-C):

$$y_t = \mu + \alpha \cdot t + \pi_1 DU_t + \pi_3 DT_t + \pi_4 DTB_t + \rho \cdot y_{t-1} + \sum_{j=1}^{K} \Phi_j \Delta y_{t-j} + \varepsilon_t \qquad (3.2-30)$$

Nach der Schätzung der entsprechenden Testgleichung mit OLS wird der
autoregressive Koeffizient ρ anhand der üblichen t-Statistik gegen Eins getestet;
hierbei gelten die kritischen Werte der AO-Modelle. Wird die Nullhypothese
$H_0 : \rho = 1$ gestützt, kann von einem stochastischen Prozess mit einer einmaligen
Veränderung der Trendfunktion ausgegangen werden.

Wie in den Gleichungen (3.2-28) bis (3.2-30) erkennbar ist, wurde auch hier das
Vorgehen von Said und Dickey – also das Aufnehmen gelagter Differenzen –
zur Darstellung eines allgemeinen ARMA-Prozesses angewandt. Insbesondere
bei den IO-Modellen ist diese Variante gegenüber dem nicht-parametrischen
Ansatz von Phillips und Perron zu bevorzugen, da die Effekte des Strukturbruches über die Dynamik des Modells wirken. Wird einer Autokorrelation
lediglich durch die Modifikation der Prüfgröße (Z-Statistik) Rechnung getragen,
müsste die Anpassung an die neuen Gegebenheiten aufgrund der Spezifikation
innerhalb einer Periode erfolgen.[177]

---

[176] Vgl. Perron, 1990, S. 159 sowie Perron, 1989, S. 1380.
[177] Vgl. Perron, 1989, S. 1381.

3.2.3.3 Zivot-Andrews-Test bei endogenem Strukturbruch

Ein häufiger Kritikpunkt des P-Tests ist die Annahme eines exogenen Strukturbruchs, also die Kenntnis über den genauen Zeitpunkt des Bruches TB. Häufig
ist dieser Zeitpunkt jedoch unbekannt. Weiterhin treten naturgemäß zahlreiche
Ereignisse im betrachteten Zeitraum auf und es ist somit schwierig bzw.
subjektiv, einen einzigen davon auszuwählen und diesen als „den Strukturbruch"
zu bestimmen. Zivot und Andrews argumentieren, dass ein Bruch in einer Reihe
datenabhängig ist, somit aus den Daten geschätzt werden muss und nicht exogen
gegeben ist.[178] Daher haben sie 1992 auf Basis des P-Tests eine Testprozedur
(ZA-Test) entwickelt, die neben der Überprüfung auf eine Einheitswurzel
gleichzeitig auch den Bruchzeitpunkt endogen bestimmt.

Es werden ausschließlich IO-Modelle betrachtet, also ein gradueller Anpassungspfad vorausgesetzt. Außerdem bezieht sich die Testprozedur auf trendbehaftete Zeitreihen, so dass drei verschiedene Modelle in Betracht kommen
(Bruch im Niveau und / oder der Steigung). Die Nullhypothese des ZA-Tests ist
identisch für die drei Modelle und bildet die Annahme einer Einheitswurzel,
wobei – im Gegensatz zum P-Test – unter H_0 keine Veränderung der Trendfunktion erlaubt ist; ein Strukturbruch also nur unter H_1 zugelassen wird.[179]
Demzufolge kann das Modell, das lediglich einen Knick in der Steigung erfährt,
im Rahmen des ZA-Tests problemlos herangezogen werden.

Die Testgleichungen der drei Modelle, die mit OLS geschätzt werden, sind wie
folgt definiert:[180]

Bruch im Niveau (Modell ZA-A):

$$y_t = \mu + \alpha \cdot t + \pi_1 DU_t + \rho \cdot y_{t-1} + \sum_{j=1}^{K} \Phi_j \Delta y_{t-j} + \varepsilon_t \qquad (3.2\text{-}31)$$

Bruch im Anstieg (Modell ZA-B):

$$y_t = \mu + \alpha \cdot t + \pi_2 DTS_t + \rho \cdot y_{t-1} + \sum_{j=1}^{K} \Phi_j \Delta y_{t-j} + \varepsilon_t \qquad (3.2\text{-}32)$$

---

[178] Vgl. Zivot/Andrews, 1992, S. 252.
[179] Vgl. Zivot/Andrews, 1992, S. 254.
[180] Vgl. Zivot/Andrews, 1992, S. 254.

Bruch im Niveau und im Anstieg (Modell ZA-C):

$$y_t = \mu + \alpha \cdot t + \pi_1 DU_t + \pi_2 DTS_t + \rho \cdot y_{t-1} + \sum_{j=1}^{K} \Phi_j \Delta y_{t-j} + \varepsilon_t \qquad (3.2\text{-}33)$$

Die Anzahl zusätzlicher Regressoren bzw. gelagter Differenzen K wird durch das Testen auf Signifikanz bestimmt, d. h. beginnend mit der zuvor festgelegten maximalen Lagordnung wird anhand eines t-Tests schrittweise überprüft, ob der Regressor in die Testgleichung aufgenommen wird oder nicht.[181]

Der Bruchzeitpunkt TB wird so gewählt, dass die einseitige t-Statistik zur Überprüfung einer unit root, also der t-Wert zum Koeffizienten ρ, minimal wird.[182] Hierfür wählen Zivot und Andrews den sequenziellen Ansatz, d. h. für jedes mögliche λ $(0 < \lambda < 1)$[183] wird unter Berücksichtigung der gesamten Stichprobe eine Regression geschätzt (K kann hierbei variieren), und die t-Werte werden anschließend verglichen. Es wird letztlich diejenige Schätzung herangezogen, für die die Prüfgröße minimal wird, sowie der korrespondierende Bruchzeitpunkt TB festgelegt. Das Ziel dieser Vorgehensweise ist es also, den Zeitpunkt als TB zu wählen, der die Nullhypothese am wenigsten begünstigt bzw. die Alternative (trendstationärer Prozess mit einmaligem Bruch) am ehesten unterstützt.[184] Die simulierten kritischen Werte unterscheiden sich für die drei Modelle, sind jedoch unabhängig von λ.[185]

Trotz seiner Beliebtheit in der empirischen Anwendung bleibt der ZA-Test nicht frei von Kritik. Einer dieser Kritikpunkte bezieht sich auf die endogene Bestimmung des wahren Bruchzeitpunktes TB. Lee und Strazicich fanden im Rahmen

---

[181] Vgl. Zivot/Andrews, 1992, S. 255.

[182] Vgl. Zivot/Andrews, 1992, S. 254.

[183] Es wird sowohl zu Beginn als auch am Ende der Zeitreihe ein bestimmter Anteil an Beobachtungen ausgelassen, die für einen Bruchzeitpunkt nicht in Frage kommen. Vgl. Zivot/Andrews, 1992, S. 255.

[184] Vgl. Zivot/Andrews, 1992, S. 254.

[185] Für die asymptotischen kritischen Werte siehe Zivot/Andrews, 1992, S. 256-257. Zivot und Andrews haben anhand eines Beispieldatensatzes kritische Werte für endliche Stichproben (entsprechend der jeweiligen Variablen) ermittelt. Hierbei haben sie unterschiedliche Annahmen bezüglich der Eigenschaften des Störprozesses getroffen und die Ergebnisse gegenübergestellt. Es kann festgehalten werden, dass die asymptotischen kritischen Werte größer sind als die für endliche Stichproben und somit bei Verwendung der asymptotischen Werte die Nullhypothese tendenziell zu oft verworfen wird. Vgl. hierzu Zivot/Andrews, 1992, S. 262-265.

von Simulationsstudien[186] heraus, dass der ZA-Test dazu tendiert, den Zeitpunkt des Strukturbruchs eine Periode zu früh anzuzeigen, also in TB-1. Diese Problematik gewinnt mit dem Ausmaß des Bruchs an Bedeutung, d. h. je größer der Strukturbruch in der Zeitreihe ist, desto eher wird der Bruchzeitpunkt eine Periode zu früh geschätzt.[187]

Darüber hinaus konnten Lee und Strazicich feststellen, dass die Nullhypothese – insbesondere bei Vorliegen eines Strukturbruches – (fälschlicherweise) zu oft abgelehnt wird. Ist der datengenerierende Prozess durch eine Einheitswurzel gekennzeichnet und unterliegt er zugleich einem Strukturbruch, dann kann die Wahrscheinlichkeit für einen Fehler 1. Art das nominale Signifikanzniveau des Tests deutlich übersteigen („size distortion").[188] Dies bedeutet, dass die Testentscheidung „Ablehnung der Nullhypothese" nicht zwangsläufig die Annahme einer Einheitswurzel verwirft, sondern lediglich die Hypothese „Einheitswurzel ohne Strukturbruch" widerlegt.[189]

3.2.3.4   Lee-Strazicich-Test bei endogenem Strukturbruch

In Anbetracht der angeführten Kritik am ZA-Test haben Lee und Strazicich einen Einheitswurzeltest entwickelt, der keine „size distortion" bei Präsenz eines Strukturbruches unter der Nullhypothese aufweist. Hierzu ist es notwendig, dass auch unter H_0 ein Bruch zugelassen wird. Die Festlegung des Strukturbruches aus den Daten, also eine endogene Bestimmung von TB, wird beibehalten.

Die Testprozedur von Lee und Strazicich (LS-Test) ist ein LM-Test und baut auf dem SP-Test, der keinen Strukturbruch berücksichtigt, auf.[190] Lee und Strazicich betrachten zwei verschiedene Modelle: Modell LS-A erlaubt eine einmalige Verschiebung im Niveau, Modell LS-C lässt sowohl eine Veränderung im Niveau als auch im Anstieg zu.[191]

---

[186] Für die Simulationsstudien siehe Lee/Strazicich, 2001, S. 545-551.
[187] Vgl. Lee/Strazicich, 2001, S. 539.
[188] Vgl. Lee/Strazicich, 2004, S. 1. Size distortion bedeutet, dass der Fehler 1. Art häufiger auftritt als durch das gewählte Signifikanzniveau angenommen.
[189] Vgl. Lee/Strazicich, 2003, S. 1082.
[190] Für den SP-Test siehe Kapitel 3.2.1.4.
[191] Lee und Strazicich argumentieren, dass die meisten ökonomischen Zeitreihen durch eines dieser beiden Modelle beschrieben werden kann, und somit ein Modell mit lediglich einer Veränderung in der Steigung nicht näher betrachtet wird. Vgl. Lee/Strazicich, 2004, S. 3.

Verglichen mit dem SP-Test, bei dem die deterministischen Variablen durch $x_t = (1, t)'$ beschrieben werden, beinhalten die Modelle des LS-Tests als deterministischen Teil $x_t = (1, t, DU_t)'$ bzw. $x_t = (1, t, DU_t, DTS_t)'$. Analog zum SP-Test wird auch hier zunächst eine Regression in ersten Differenzen geschätzt. Konkret bedeutet dies, dass Δy_t auf eine Konstante und die Dummy-Variable DTB_t (Modell LS-A) bzw. eine Konstante und die Dummy-Variablen DTB_t und DU_t (Modell LS-C) regressiert wird.[192] Es gelten die Beziehungen $DTB_t = \Delta DU_t$ und $DU_t = \Delta DTS_t$.[193] Hieran wird deutlich, dass ein Sprung im Niveau unter H_0 durch DTB_t und unter H_1 durch DU_t modelliert werden kann und entsprechend die Variablen DU_t unter H_0 bzw. DTS_t unter H_1 eine Veränderung im Anstieg abbilden.[194]

Anhand der geschätzten Koeffizienten können – analog zum SP-Test – die Residuen des Modells im Niveau $\hat{S}_t$ ermittelt werden. Diese gehen dann, je nach Modell, in eine der folgenden Testgleichungen ein:[195]

Modell LS-A:

$$\Delta y_t = c + \pi_4 \cdot DTB_t + \gamma \cdot \hat{S}_{t-1} + \sum_{j=1}^{K} \Phi_j \Delta \hat{S}_{t-j} + \omega_t \qquad (3.2\text{-}34)$$

Modell LS-C:

$$\Delta y_t = c + \pi_4 \cdot DTB_t + \pi_1 \cdot DU_t + \gamma \cdot \hat{S}_{t-1} + \sum_{j=1}^{K} \Phi_j \Delta \hat{S}_{t-j} + \omega_t \qquad (3.2\text{-}35)$$

Die in der Testgleichung (3.2-34) bzw. (3.2-35) aufgenommenen verzögerten Differenzen von $\hat{S}_t$ sollen eine etwaige Autokorrelation in den Residuen auffangen.[196]

---

[192] Der Trendterm entfällt jeweils durch die Differenzbildung.
[193] Für eine exemplarische Darstellung der mathematischen Zusammenhänge siehe Anhang 2, S. 168.
[194] Vgl. Lee/Strazicich, 2004, S. 4.
[195] Vgl. Lee/Strazicich, 2004, S. 3-4.
[196] Vgl. Lee/Strazicich, 2004, S. 4.

Dieses mehrstufige Vorgehen des LS-Tests wird für jeden möglichen Struktur-
bruchzeitpunkt durchlaufen. Aus sämtlichen geschätzten Testgleichungen
werden entsprechend der üblichen t-Statistik die t-Werte zum Koeffizienten γ
verglichen und diejenige Gleichung ausgewählt, für die der t-Wert sein Minimum erreicht. Es kann festgehalten werden, dass, je größer der Strukturbruch
ist, desto genauer die Schätzung von TB ist.[197]

Die Nullhypothese einer unit root $(\gamma = 0)$ wird dann anhand des ermittelten
minimalen t-Wertes überprüft. Da die Teststatistik für Modell LS-A invariant
vom Bruchzeitpunkt ist, sind die kritischen Werte unabhängig von λ. Im
Gegensatz hierzu sind für Modell LS-C kritische Werte in Abhängigkeit von λ
relevant.[198]

3.2.3.5 Lee-Strazicich-Test bei zwei endogenen Strukturbrüchen

Kapitel 3.2.2 behandelte die Problematik eines Strukturbruches bei Anwendung
der Standard-Einheitswurzeltests. Es wurde argumentiert, dass die Macht der
klassischen Testverfahren sehr gering ist. Eine logische Schlussfolgerung daraus
ist, dass die bisher dargestellten Einheitswurzeltests unter Berücksichtigung
eines Strukturbruches ebenfalls an einer zu geringen Güte „leiden", wenn die
betrachtete Zeitreihe mehr als einem Bruch erfährt.[199]

In diesem Zusammenhang haben Lee und Strazicich im Jahre 2003 eine Testprozedur (LS2-Test) entwickelt, die, basierend auf dem SP-Test, die Reihe y_t
auf das Vorliegen einer unit root testet und dabei zwei Strukturbrüche zulässt.
Die Zeitpunkte der Brüche TB_1 und TB_2 werden hierbei – entsprechend dem LS-
Test – endogen ermittelt.

Der Aufbau sowie die Vorgehensweise des Verfahrens sind analog zum SP-
bzw. LS-Test. Lee und Strazicich betrachten zum einen Modell LS2-A, welches
zweimal einen Sprung im Niveau zulässt und zum anderen Modell LS2-C, das
zwei Brüche jeweils im Niveau und im Trend der Zeitreihe erlaubt.
Dementsprechend können die deterministischen Variablen der Modelle wie folgt

---

[197] Vgl. Lee/Strazicich, 2004, S. 9-10.
[198] Für die kritischen Werte siehe Lee/Strazicich, 2004, S. 12.
[199] Vgl. Lee/Strazicich, 2003, S. 1082.

beschrieben werden: $x_t = (1, t, DU_{1t}, DU_{2t})'$ für Modell LS2-A und $x_t = (1, t, DU_{1t}, DU_{2t}, DTS_{1t}, DTS_{2t})'$ für Modell LS2-C. Die Indizes 1 und 2 beziehen sich jeweils auf den ersten bzw. zweiten Strukturbruch.[200]

Nachdem im ersten Schritt der Testprozedur eine Regression von Δy_t auf Δx_t durchgeführt wird und anschließend die Residuen $\hat{S}_t$ bestimmt werden, können die folgenden zwei Testgleichungen zur Überprüfung auf eine Einheitswurzel im Rahmen des LS2-Tests betrachtet werden:

Modell LS2-A:

$$\Delta y_t = c + \pi_4 DTB_{1t} + \pi_5 DTB_{2t} + \gamma \hat{S}_{t-1} + \omega_t \qquad (3.2\text{-}36)$$

Modell LS2-C:

$$\Delta y_t = c + \pi_4 DTB_{1t} + \pi_1 DU_{1t} + \pi_5 DTB_{2t} + \pi_6 DU_{2t} + \gamma \hat{S}_{t-1} + \omega_t \qquad (3.2\text{-}37)$$

Erfüllen die Residuen nicht die Eigenschaften eines reinen Zufallsprozesses, kann entweder in den Testgleichungen (3.2-36) bzw. (3.2-37) gelagte Differenzen von $\hat{S}_t$ aufgenommen werden oder eine korrigierte Teststatistik in Anlehnung an das Vorgehen von Phillips und Perron herangezogen werden.[201]

Als Kriterium zur Festlegung der Bruchzeitpunkte TB_1 und TB_2,[202] woraus auch die entscheidende Teststatistik resultiert, dient – analog zu den dargestellten endogenen Testverfahren – der minimale t-Wert zum Koeffizienten γ.[203] Die Nullhypothese bildet erneut die Annahme einer unit root $(\gamma = 0)$ und wird anhand der ermittelten t-Statistik überprüft. Wie beim LS-Test sind die kritischen Werte für Modell LS2-A invariant zu den Strukturbruchzeitpunkten, während sie für Modell LS2-C von λ_1 und λ_2 abhängen.[204]

---

[200] Die Definition der Dummy-Variablen ist analog zum Fall mit lediglich einem Strukturbruch.

[201] Vgl. Lee/Strazicich, 2003, S. 1083.

[202] Mit Ausnahme eines geringen Anteils an Beobachtungen am Anfang und Ende der Zeitreihe kommen alle übrigen Zeitpunkte als Bruchzeitpunkte in Frage. Vgl. Lee/Strazicich, 2003, S. 1083.

[203] Vgl. Lee/Strazicich, 2003, S. 1083.

[204] Für die kritischen Werte siehe Lee/Strazicich, 2003, S. 1084.

3.2.4   Tests auf Integration im Überblick

Dieser Abschnitt soll dazu dienen, die in den Kapiteln 3.2.1 und 3.2.3 dargestellten Testverfahren zur Überprüfung der Stationaritätseigenschaften einer Zeitreihe nochmals kompakt abzubilden bzw. gegenüberzustellen, indem die aus Anwendersicht entscheidenden Unterschiede in der Tabelle 3-1 aufgezeigt werden. Die Kriterien Nullhypothese sowie Berücksichtigung von Ausreißern und Strukturbrüchen bzw. einer möglichen Autokorrelation dienen zur Abgrenzung.

Test	Nullhypothese	Berücksichtigung von Ausreißern bzw. Strukturbrüchen	Berücksichtigung von Autokorrelation
KPSS	(Trend-) Stationarität	nein	Modifikation der Teststatistik
ADF	Einheitswurzel	nein	Aufnahme gelagter Terme
PP	Einheitswurzel	nein	Modifikation der Teststatistik
SP	Einheitswurzel	nein	Modifikation der Teststatistik
ERS	Einheitswurzel	nein	Aufnahme gelagter Terme
FH	Einheitswurzel	additive Ausreißer	Aufnahme gelagter Terme
P	Einheitswurzel	ein exogener Strukturbruch sowohl unter H_0 als auch unter H_1 zugelassen	Aufnahme gelagter Terme (oder Modifikation der Teststatistik)
ZA	Einheitswurzel	ein endogener Strukturbruch unter H_1 vorausgesetzt	Aufnahme gelagter Terme
LS	Einheitswurzel	ein endogener Strukturbruch sowohl unter H_0 als auch unter H_1 zugelassen	Aufnahme gelagter Terme
LS2	Einheitswurzel	zwei endogene Strukturbrüche sowohl unter H_0 als auch unter H_1 zugelassen	Aufnahme gelagter Terme

Tabelle 3-1:   Integrationstests im Überblick

3.3   Kointegration ökonomischer Variablen

Ist eine Zeitreihe weder stationär noch trendstationär, wie es bei ökonomischen Größen oft der Fall ist, liegt der Grad der Integration häufig bei Eins. Dies bestätigt sich auch in der vorliegenden Arbeit, so dass sich die Darstellung der Kointegrationsanalyse auf die Betrachtung von Variablen mit einem Integrationsgrad von maximal Eins beschränkt.[205]

Weisen die zugrunde liegenden Zeitreihen stochastischen Charakter auf, kann die Analyse auf Vorliegen kointegrierter Beziehungen zwischen diesen Größen erfolgen. Der Übergang von der Untersuchung der Integrationseigenschaften einer Zeitreihe (Kapitel 3.2) zur Kointegrationsanalyse (Kapitel 3.3) bedeutet gleichzeitig einen Wechsel von einer univariaten zu einer multivariaten Betrachtungsweise, denn eine einzige Größe kann niemals allein kointegriert sein.

Demnach wird im Folgenden zunächst die Nichtstationarität im multivariaten Fall behandelt (Kapitel 3.3.1). Die Kapitel 3.3.2 bis 3.3.4 betrachten das Konzept der Kointegration sowie die Modellformulierung bzw. –spezifikation. Es folgen die Themen Schätzung (Kapitel 3.3.5) und Bestimmung des Kointegrationsrangs (Kapitel 3.3.6). Die darauf folgenden Kapitel 3.3.7 und 3.3.8 beinhalten die Aspekte Modellbeurteilung bzw. Parameterstabilität. Nach der Darstellung von Hypothesentests (Kapitel 3.3.9) wird die Identifikation der Modellparameter (Kapitel 3.3.10) präsentiert. Es folgen die Identifikation der gemeinsamen Trends (Kapitel 3.3.11) sowie der strukturellen Schocks (Kapitel 3.3.12). Abschließend wird die Möglichkeit der Prognose kointegrierter Prozesse gezeigt (Kapitel 3.3.13).

3.3.1   Nichtstationarität im vektorautoregressiven Modell

Um eine Vorabeinteilung der Variablen in endogene und exogene Größen zu vermeiden, empfiehlt sich – auch im Weltbild der Kointegrationsanalyse – die Darstellung als ein vektorautoregressives (VAR) Modell. Der n-dimensionale Vektor y_t soll ein Set von n Variablen $y_{1t}, y_{2t}, \ldots, y_{nt}$ beschreiben. Für einen VAR-Prozess der Ordnung p ergibt sich dann in Vektor-Matrix-Schreibweise folgendes Modell:

---

[205] Für eine Analyse mit I(2)-Variablen siehe z. B. Juselius, 2006, Kapitel 16-18.

$$\mathbf{y}_t = \boldsymbol{\theta}_1 \mathbf{y}_{t-1} + \boldsymbol{\theta}_2 \mathbf{y}_{t-2} + \dots + \boldsymbol{\theta}_p \mathbf{y}_{t-p} + \boldsymbol{\varepsilon}_t \qquad (3.3\text{-}1)$$

Es bezeichnen $\boldsymbol{\varepsilon}_t$ den n-dimensionalen Vektor der White-Noise-Residuen, $\mathbf{y}_{t-i}$ die n-dimensionalen Vektoren der verzögerten endogenen Variablen und $\boldsymbol{\theta}_i$ die $n \times n$-dimensionalen Koeffizientenmatrizen $(i = 1, \dots, p)$. Damit ein solcher VAR(p)-Prozess stabil (oder stationär) ist, müssen sämtliche Lösungen des autoregressiven Lagpolynoms – analog zum univariaten Fall – außerhalb des Einheitskreises liegen.[206] Die relevanten Wurzeln werden anhand der folgenden Determinante des charakteristischen Polynoms bestimmt:

$$\det\!\left(\mathbf{I} - \boldsymbol{\theta}_1 z - \boldsymbol{\theta}_2 z^2 - \dots - \boldsymbol{\theta}_p z^p\right) = \mathbf{0} \qquad (3.3\text{-}2)$$

$\mathbf{I}$ ist hierbei die $n \times n$-dimensionale Einheitsmatrix. Wird die Determinante für $z = 1$ Null, d. h. mindestens eine Nullstelle bzw. Wurzel des Polynoms liegt auf dem Einheitskreis, dann ist der Prozess nichtstationär und die Variablen $\mathbf{y}_t$ sind zumindest teilweise integriert.[207] Der VAR(p)-Prozess enthält dann mindestens eine Einheitswurzel.

Anstatt die Nullstellen des autoregressiven Lagpolynoms (siehe Gleichung (3.3-2)) zu betrachten, können die Wurzeln der so genannten charakteristischen Gleichung des Prozesses herangezogen werden. Für den allgemeinen Fall ist die charakteristische Gleichung durch

$$\lambda^p - \boldsymbol{\theta}_1 \lambda^{p-1} - \dots - \boldsymbol{\theta}_p = \mathbf{0} \qquad (3.3\text{-}3)$$

gegeben, so dass zur Beurteilung der Stationarität des VAR(p)-Modells folgende Gleichung zu lösen ist:[208]

$$\det\!\left(\lambda^p - \boldsymbol{\theta}_1 \lambda^{p-1} - \dots - \boldsymbol{\theta}_p\right) = \mathbf{0} \qquad (3.3\text{-}4)$$

---

[206] Vgl. Kirchgässner/Wolters, 2006, S. 115.
[207] Vgl. Lütkepohl/Krätzig, 2004, S. 88-89.
[208] Vgl. Juselius, 2006, S. 51.

Die Wurzeln dieser Gleichung entsprechen im Übrigen den Eigenwerten der so genannten Begleitmatrix des Systems. Diese Begleitmatrix erhält man durch die Transformation des VAR(p)-Prozesses in ein System erster Ordnung.[209] Die Wurzeln bzw. Eigenwerte der Begleitmatrix ergeben sich als Inverse der Lösungen des Lagpolynoms. Es gilt demnach folgender Zusammenhang zwischen den Wurzeln des charakteristischen Lagpolynoms und der Begleit-matrix des Systems:[210]

$$\lambda = z^{-1} \tag{3.3-5}$$

Damit der betrachtete Prozess stabil ist, müssen die Eigenwerte der Begleit-matrix – im Gegensatz zu den Wurzeln des Lagpolynoms – innerhalb des Ein-heitskreises liegen. Eigenwerte größer als Eins bedeuten demnach, dass der Prozess explosiv ist. Insgesamt existieren $n \cdot p$ reale, wie komplexe Wurzeln der Begleitmatrix.[211]

Da bei empirischen Anwendungen, die auf die Untersuchung von Kointegra-tionsbeziehungen abzielen, im Allgemeinen ausschließlich differenzstationäre Variablen berücksichtigt werden, besitzt der VAR-Prozess aus Gleichung (3.3-1) Einheitswurzeln. Sind die Variablen in einem solchen VAR(p)-Modell integriert der Ordnung Eins, dann wird in aller Regel ein VAR(p-1)-Modell in ersten Differenzen herangezogen. Ein VAR-Modell mit den originären Größen ist nur dann adäquat, wenn die Variablen tatsächlich kointegriert sind. Gravie-render noch, bei Vorliegen von Kointegration ist es sogar notwendig, ein VAR-Modell im Niveau zu betrachten, da ein Modell in Differenzen fehlspezifiziert wäre. Dieser Sachverhalt wird in Abschnitt 3.3.3 verdeutlicht.

---

[209] Zur Herleitung der Begleitmatrix sowie zur Bestimmung der Wurzeln siehe z. B. Juselius, 2006, S. 50-51.
[210] Vgl. Juselius, 2006, S. 51.
[211] Vgl. Hendry/Juselius, 2001, S. 88.

3.3.2 Konzept der Kointegration

Besteht der Vektor y_t aus n I(1)-Variablen, dann ist im Allgemeinen jede Linearkombination dieser Variablen $\beta' \cdot y_t$ ebenfalls integriert vom Grade Eins.[212] Werden solche differenzstationären Variablen in ihrem Niveau aufeinander regressiert, besteht die Gefahr der Scheinregression. Kann jedoch ein Vektor β gefunden werden, so dass eine stationäre Beziehung resultiert, dann nennt man die Variablen y_t kointegriert; der $n \times 1$-Vektor β wird dann auch als Kointegrationsvektor bezeichnet.

Engle und Granger definieren in den 1980er Jahren den Begriff der Kointegration wie folgt:[213]

Die Komponenten des Vektors y_t heißen kointegriert der Ordnung d, b – $y_t \sim CI(d, b)$ – wenn sämtliche Komponenten von y_t integriert vom Grade d sind und mindestens eine nicht-triviale ($\beta \neq 0$) Linearkombination $x_t = \beta' \cdot y_t$ existiert, die von der Ordnung $d - b$ integriert ist, also $x_t \sim I(d - b)$, wobei $d \geq b > 0$ gilt.[214]

Diese Definition zeigt, dass die Betrachtung von I(1)-Variablen einen I(0)-Prozess als Linearkombination erfordert, wenn kointegrierte Zeitreihen vorliegen (sollen). Basierend auf dieser Überlegung wird deutlich, dass kointegrierte Größen zwar nicht identisch verlaufen müssen, allerdings aufgrund der stationären Beziehung x_t sich auch nicht permanent unterschiedlich entwickeln können; der Verlauf der Reihen ist quasi aneinander gekoppelt.

Engle und Granger haben im Rahmen des Kointegrationskonzepts auch den Begriff des langfristigen Gleichgewichts eingeführt. Demzufolge besteht zwischen zwei oder mehreren nichtstationären, jedoch kointegrierten, Zeitreihen eine langfristige Beziehung, so dass sich die Variablen langfristig in einem

---

[212] Vgl. Granger, 1986, S. 215.
[213] Vgl. Engle/Granger, 1987, S. 253.
[214] Anmerkung: Im n-Variablen-Fall ist es nicht zwingend notwendig, dass sämtliche Variablen vom gleichen Grade integriert sind. Vgl. Eckey/Kosfeld/Dreger, 2004, S. 244-245.

Gleichgewicht befinden und Abweichungen von diesem Gleichgewicht lediglich temporär sind.

Ist die formale Beziehung

$$\beta_1 y_{1t} + \beta_2 y_{2t} + \ldots + \beta_n y_{nt} = 0 \qquad (3.3\text{-}6)$$

gegeben, sind die Variablen – dargestellt durch den Vektor $\mathbf{y}_t$ – im langfristigen Gleichgewicht. Gilt dagegen der meist wahrscheinlichere Fall

$$\boldsymbol{\beta}' \cdot \mathbf{y}_t = x_t \qquad (3.3\text{-}7)$$

existiert zwar mit $x_t \sim I(0)$ eine Kointegrationsbeziehung, die Variablen befinden sich allerdings, solange $x_t \neq 0$, nicht im Gleichgewicht.[215] Die Abweichungen vom Gleichgewicht – auch Gleichgewichtsfehler bzw. -störung genannt – werden gerade durch die Größe x_t beschrieben. Gleichung (3.3-6) bzw. (3.3-7) formuliert die Langfristbeziehung zwischen den ökonomischen Größen.

Die visuelle Betrachtung von Zeitreihen lässt zwar grundsätzlich Vermutungen hinsichtlich der Stationaritätseigenschaften von Variablen zu, Annahmen bezüglich einer Kointegrationsbeziehung zwischen den Größen sind jedoch aufgrund der grafischen Darstellung – insbesondere im mehr als Zwei-Variablen-Fall – nahezu ausgeschlossen. Demnach ist eine statistische Analyse zwingend notwendig, um Aussagen über eine mögliche Kointegration treffen zu können.

Das folgende (vereinfachte) Beispiel soll den grundsätzlichen Kointegrationsgedanken verdeutlichen: Es wurden hierzu die drei Zeitreihen y_{1t}, y_{2t} und y_{3t} generiert (siehe Abb. 3-4). Jede Variable des 3×1-Vektors $\mathbf{y}_t$ stellt für sich genommen einen Random Walk dar und ist somit ein $I(1)$-Prozess.

---

[215] Vgl. Engle/Granger, 1987, S. 252.

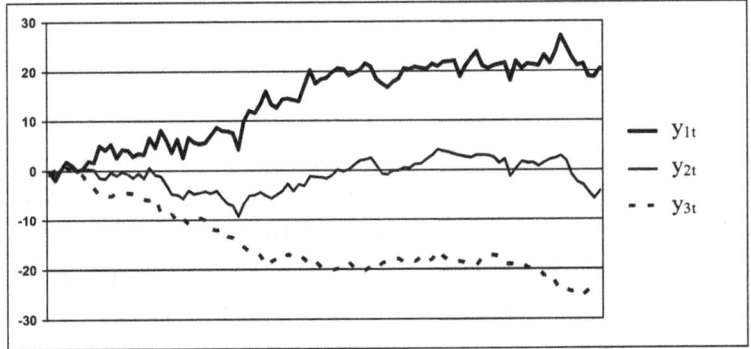

Abbildung 3-4: Illustration kointegrierter I(1)-Variablen

Keines der möglichen Variablenpaare, bestehend aus jeweils zwei der drei in Abbildung 3-4 dargestellten Reihen, ist kointegriert. Betrachtet man dagegen eine Linearkombination aus allen drei Variablen ist es durchaus denkbar, dass diese stationär verläuft. Konkret ist für den exemplarischen Datensatz die Linearkombination $y_{1t} - y_{2t} + y_{3t}$ stationär bzw. I(0), so dass die drei Zeitreihen – wenn auch nicht paarweise – gemeinsam betrachtet kointegriert sind. Der Kointegrationsvektor entspricht in diesem Fall $\beta' = \begin{bmatrix} 1 & -1 & 1 \end{bmatrix}$.

Bisher wurde lediglich der Fall eines einzigen Kointegrationsvektors betrachtet. Es besteht jedoch die Möglichkeit, dass es mehrere linear unabhängige Kointegrationsvektoren gibt. Genau genommen können bei n instationären Variablen bis zu $n-1$ solcher Vektoren vorliegen.[216] Der Vektor β wird dann zur Kointegrationsmatrix $\mathbf{B}$ erweitert, wobei die einzelnen Spalten von $\mathbf{B}$ jeweils einen kointegrierenden Vektor β_i darstellen. Liegt Kointegration vor und existieren r linear unabhängige Kointegrationsvektoren, dann hat die Matrix $\mathbf{B}$ den Rang r mit $0 < r < n$. Aus dem Einzelgleichungsmodell (vgl. Gleichung (3.3-7)) wird folglich ein Mehrgleichungsmodell. Ein entscheidender Vorteil bei der Betrachtung von Systemgleichungen ist, dass die Kointegrationsbeziehung(en) nicht von vornherein auf einen einzigen Kointegrationsvektor beschränkt ist bzw. sind. Das Verfahren von Engle und Granger, welches ein statischer Einzelgleichungsansatz ist, ist somit nur dann angebracht, wenn a priori von (maximal) einem Kointegrationsvektor ausgegangen werden kann. Ansonsten ist beispiels-

---

[216] Vgl. Enders, 2004, S. 323.

weise der populäre Ansatz von Johansen bzw. Johansen und Juselius empfehlenswert, der auch in der vorliegenden Arbeit vorgestellt wird und Anwendung
findet.

Anhand des Rangs r – auch Kointegrationsrang bezeichnet – kann eine Aussage
darüber getroffen werden, wie viele stochastische Trends im System enthalten
sind; die Anzahl der gemeinsamen stochastischen Trends ist nämlich durch
$n - r$ festgelegt.[217] Wird in einem betrachteten System mit n Variablen die
maximale Anzahl an möglichen Kointegrationsbeziehungen gefunden, also
$r = n - 1$, dann ist offensichtlich, dass das System genau einen gemeinsamen
stochastischen Trend aufweist. In diesem speziellen Fall sind sämtliche Komponenten von y_t paarweise kointegriert. Im oben angeführten Beispiel (vgl.
Abb. 3-4) wurde die paarweise Kointegration ausgeschlossen sowie eine stationäre Linearkombination gefunden, so dass man dort auf einen Kointegrationsrang von Eins und zwei gemeinsame stochastische Trends schließen kann.

3.3.3 Vektorfehlerkorrekturmodell

Wenn die I(1)-Variablen des Vektors y_t kointegriert sind, dann existiert ein
Vektorfehlerkorrekturmodell (VEC-Modell),[218] welches wiederum aus einem
VAR-Modell im Niveau abgeleitet werden kann. Aus der Bezeichnung des
Modells geht bereits hervor, dass ein VEC-Modell beschreibt, wie die kointe-
grierten Größen nach einer (temporären) Abweichung vom langfristigen Gleich-
gewicht wieder in dieses zurückgeführt werden; das Modell zeigt also die
Korrektur der Gleichgewichtsfehler. Um diesen dynamischen Anpassungspro-
zess erschöpfend beschreiben zu können, ist es unerlässlich, dass das Modell
Variablen beinhaltet, die einerseits die kurzfristige Dynamik und andererseits
Informationen über den langfristigen Niveauzusammenhang erfassen.

Aus einem VAR(p)-Modell (vgl. Gleichung (3.3-1)) ergibt sich durch entsprechende Reparametrisierung ein VEC(p-1)-Modell, das formal wie folgt dargestellt
werden kann ($t = 1, ..., T$):[219]

---

[217] Vgl. Kirchgässner/Wolters, 2006, S. 188.
[218] Dies ergibt sich aus dem Granger-Repräsentationstheorem. Siehe hierzu z. B.
Engle/Granger, 1987, S. 255-256.
[219] Vgl. Lütkepohl/Krätzig, 2004, S. 88-89.

$$\Delta \mathbf{y}_t = \mathbf{\Pi} \mathbf{y}_{t-1} + \mathbf{\Phi}_1 \Delta \mathbf{y}_{t-1} + \ldots + \mathbf{\Phi}_{p-1} \Delta \mathbf{y}_{t-p+1} + \mathbf{\varepsilon}_t \qquad (3.3\text{-}8)$$

mit

$$\mathbf{\Pi} = -\left(\mathbf{I} - \mathbf{\theta}_1 - \ldots - \mathbf{\theta}_p\right) = -\left(\mathbf{I} - \sum_{i=1}^{p} \mathbf{\theta}_i\right) \qquad (3.3\text{-}9)$$

und

$$\mathbf{\Phi}_i = -\left(\mathbf{\theta}_{i+1} + \mathbf{\theta}_{i+2} + \ldots + \mathbf{\theta}_p\right) = -\sum_{j=i+1}^{p} \mathbf{\theta}_j \qquad \text{für } i = 1, \ldots, p-1 \qquad (3.3\text{-}10)$$

Der Vektor $\mathbf{\varepsilon}_t$ ist nach wie vor ein Prozess weißen Rauschens und somit stationär. $\Delta \mathbf{y}_{t-i}$ ($i = 1, \ldots, p-1$) gibt die Vektoren der verzögerten Differenzen der Variablen wider. Da die Variablen annahmegemäß integriert von der Ordnung Eins sind, sind sämtliche Differenzen einschließlich $\Delta \mathbf{y}_t$ stationär. $\mathbf{\Phi}_i$ bezeichnen quadratische Matrizen der Dimension n, und sie enthalten die Koeffizienten, die zur Beschreibung der kurzfristigen Dynamik dienen. Der Term $\mathbf{\Pi} \mathbf{y}_{t-1}$ ist der einzige Ausdruck in Gleichung (3.3-8), der instationäre Komponenten beinhaltet, insgesamt jedoch stationär ist (bzw. auch stationär sein muss). $\mathbf{\Pi} \mathbf{y}_{t-1}$ – auch Fehlerkorrekturterm genannt – enthält Informationen bezüglich des langfristigen Niveauzusammenhangs zwischen den ökonomischen Größen. Bei Vorliegen von Kointegration liefert dieser Ausdruck einen wesentlichen Erklärungsbeitrag, da hier die stationären Kointegrationsbeziehungen beschrieben werden. Es wird deutlich, warum bei kointegrierten I(1)-Variablen ein VAR(p-1)-Modell in ersten Differenzen fehlspezifiziert ist: Ein solches Modell unterscheidet sich von dem VEC-Modell aus Gleichung (3.3-8) gerade durch das Fehlen des Terms $\mathbf{\Pi} \mathbf{y}_{t-1}$. Erklärungsrelevante Informationen werden demnach nicht explizit berücksichtigt, da im Falle von Kointegration die kurzfristige Dynamik der Variablen im System von den Gleichgewichtsabweichungen der Vorperiode abhängen.

Der $n \times n$-dimensionalen Matrix $\mathbf{\Pi}$ kommt besondere Bedeutung zu. Gehen wir davon aus, dass die Komponenten von $\mathbf{y}_t$ bzw. $\mathbf{y}_{t-1}$ I(1)-Variablen sind, dann wird – wie in Abschnitt 3.3.1 gezeigt – die Determinante des charakteristischen Polynoms für $z = 1$ Null. Dieses Polynom mit der Wurzel von Eins ist dann identisch mit der Matrix Π (siehe Gleichung (3.3-9)). Folglich ist Π eine singuläre Matrix mit reduziertem Rang ($r < n$), da ihre Determinante Null wird. Diese Tatsache wird auch an folgendem Sachverhalt deutlich: Wenn Π den vollen Rang n besäße, dann würde die inverse Matrix Π^{-1} existieren, und man könnte Gleichung (3.3-8) nach y_{t-1} auflösen. Dies würde wiederum bedeuten, dass sich die instationären Variablen in y_{t-1} aus linearen Kombinationen ausschließlich stationärer Größen ergeben, was zu einem Widerspruch führt. Insgesamt kann also festgehalten werden, dass bei nichtstationären Ausgangsvariablen die Matrix Π nicht den vollen Rang n besitzen kann bzw. wenn Π nicht-singulär ist, somit $r = n$, die Variablen im Niveau bereits stationär sind und eine Kointegrationsanalyse hinfällig wird.

Nun soll der Spezialfall $r = 0$ betrachtet werden. Ist der Rang der Matrix Π Null, dann sind sämtliche Komponenten der Matrix Null bzw. Π ist eine Nullmatrix. Damit entfällt im VEC-Modell aus Gleichung (3.3-8) der Fehlerkorrekturterm Πy_{t-1}, d. h. die langfristigen Niveauzusammenhänge beeinflussen nicht die kurzfristige Dynamik des Systems; es liegt folglich keine Kointegration vor. Konkret bedeutet dieser Fall, dass die originären Größen zwar integriert, jedoch nicht kointegriert sind. Ein VAR(p-1)-Modell in ersten Differenzen ist dann ein geeigneter Ansatz zur Modellierung der dynamischen Zusammenhänge zwischen den Größen.

Die Ausführungen zeigen, dass die beiden Grenzfälle $r = n$ und $r = 0$ keine kointegrierten Systeme repräsentieren. Dementsprechend muss bei Vorliegen von Kointegration der Rang von Π die Bedingung $0 < r < n$ erfüllen. Der Kointegrationsrang r gibt die Anzahl der im System enthaltenen Kointegrationsbeziehungen an.

Sofern die n Komponenten des Vektors y_t kointegriert sind und die Matrix Π den reduzierten Rang r besitzt, kann die $n \times n$-dimensionale Matrix Π als ein Produkt zweier Matrizen der Dimension $n \times r$ bzw. $r \times n$ geschrieben werden. Die folgende Gleichung zeigt diese Zerlegung:

$$\Pi = \alpha \cdot B' \qquad (3.3\text{-}11)$$

Die quadratische Matrix Π, die $n \times r$-dimensionale Matrix α sowie die $r \times n$-dimensionale Matrix B' besitzen einheitlich den Rang r. Wird Gleichung (3.3-11) um y_{t-1} zum Fehlerkorrekturterm erweitert, ergibt sich

$$\Pi \cdot y_{t-1} = \alpha \cdot B' \cdot y_{t-1} \qquad (3.3\text{-}12)$$

Der Term $B' \cdot y_{t-1}$ gibt – analog zu den Ausführungen in Abschnitt 3.3-2 – die stationären Kointegrationsbeziehungen an, wobei B die Kointegrationsmatrix ist und ihr Rang r der Zahl der Kointegrationsvektoren entspricht. Wird der Ausdruck $B' \cdot y_{t-1}$ Null, befinden sich die Variablen in der Vorperiode im langfristigen Gleichgewicht. Folglich liegt kein Gleichgewichtsfehler vor und eine Anpassung an das langfristige Gleichgewicht ist nicht notwendig. Ist dagegen eine Abweichung vom Gleichgewicht zu beobachten, erfolgt die Rückkehr zum Gleichgewicht über die Parameter der so genannten Ladungsmatrix α. Die Ladungs- oder Anpassungsparameter geben einerseits den Beitrag der Langfristbeziehungen in den einzelnen Gleichungen an, und andererseits kann aus ihnen der Anpassungsprozess abgeleitet werden.[220] Im Falle kointegrierter Variablen muss mindestens ein Element von α ungleich Null sein, damit nach einer Gleichgewichtsstörung der Anpassungsprozess in Richtung langfristiges Gleichgewicht erfolgen kann. Es zeigt sich erneut, dass die Langfristbeziehungen bzw. die Abweichungen hiervon die Kurzfristdynamik beeinflussen und somit der Fehlerkorrekturterm, sofern er relevant ist, in der Modellspezifikation nicht fehlen sollte.

3.3.4 Deterministische Komponenten im kointegrierten VAR-Modell

Üblicherweise beschreiben die Basismodelle entsprechend den Gleichungen (3.3-1) und (3.3-8) nicht ausreichend den Datensatz, so dass Erweiterungen der Spezifikationen sinnvoll bzw. notwendig sind, um die charakteristischen Eigenschaften der Zeitreihen bzw. der datengenerierenden Prozesse adäquat zu modellieren. Die Ausgangsgleichungen werden hierzu um entsprechende determinis-

---

[220] Vgl. Kirchgässner/Wolters, 2006, S. 197-198.

tische Terme, wie Absolutglieder, Trend- und / oder Dummy-Variablen, ergänzt. Die Interpretation der zugehörigen Koeffizienten ist jedoch nicht problemlos, da – zumindest im VEC-Modell – die Gleichung sowohl Niveau- als auch differenzierte Größen gleichzeitig enthält und die Parameter damit eine „doppelte Funktion" einnehmen. Um diesen Sachverhalt zu verdeutlichen, wird das VEC-Modell (Gleichung (3.3-8)) der n Variablen zunächst um Absolutglieder (μ) und lineare Trends ($\delta \cdot t$) verallgemeinert:

$$\Delta y_t = \mu + \delta \cdot t + \alpha \cdot B' y_{t-1} + \sum_{i=1}^{p-1} \Phi_i \Delta y_{t-i} + \varepsilon_t \qquad (3.3\text{-}13)$$

μ und δ sind n-dimensionale Spaltenvektoren, die ihrerseits wiederum in jeweils zwei neue Vektoren zerlegt werden können, wie die folgenden Gleichungen zeigen:[221]

$$\mu = \mu_0 + \alpha \cdot \mu_1 \qquad (3.3\text{-}14)$$
$$\delta = \delta_0 + \alpha \cdot \delta_1 \qquad (3.3\text{-}15)$$

Werden die Gleichungen (3.3-14) und (3.3-15) in Gleichung (3.3-13) eingesetzt, ergibt sich folgende formale Darstellung:

$$\Delta y_t = \mu_0 + \delta_0 t + \alpha \cdot \mu_1 + \alpha \cdot \delta_1 t + \alpha \cdot B' y_{t-1} + \sum_{i=1}^{p-1} \Phi_i \Delta y_{t-i} + \varepsilon_t \qquad (3.3\text{-}16)$$

Die ersten beiden Terme auf der rechten Seite der Gleichung (3.3-16) bilden den deterministischen Teil der einmal differenzierten bzw. der originären Variablen ab. Für $\mu_0 \neq 0$ weisen die Niveaudaten einen deterministischen linearen Trend auf, und die ersten Differenzen haben demnach einen Erwartungswert ungleich Null. $\delta_0 \neq 0$ entspricht einem quadratischen Trend in den originären Größen, aus dem durch Differenzbildung ein linearer Trend folgt. Durch den dritten und vierten Ausdruck auf der rechten Seite der Gleichung (3.3-16) wird die Deterministik der Kointegrationsbeziehungen beschrieben; die langfristigen Zusammenhänge lassen sich zu $\alpha(\mu_1 + \delta_1 t + B' y_{t-1})$ komprimieren. Fasst man weiter

---

[221] Vgl. Hendry/Juselius, 2001, S. 97.

μ_1, δ_1 und $\mathbf{B}'$ bzw. 1 (für die Konstante), t und $\mathbf{y}_{t-1}$ zusammen, ergeben sich die Matrix $\mathbf{B}^{*'} = [\mu_1, \delta_1, \mathbf{B}']$ und der Vektor $\mathbf{y}_{t-1}^{*'} = [1, t, \mathbf{y}_{t-1}]$. Durch die Aufnahme deterministischer Terme können stationäre sowie trendstationäre Linearkombinationen mit Mittelwert Null bzw. ungleich Null erfasst werden.

Je nach Zeitreiheneigenschaften und Kointegrationsbeziehungen ergeben sich (Null-)Restriktionen bezüglich der Koeffizienten der deterministischen Terme, woraus verschiedene Modellspezifikationen resultieren. Es werden üblicherweise folgende fünf Modelle unterschieden:[222]

Modell I: Keine Restriktionen bezüglich Konstante μ und Trend $\delta \cdot t$

Die Zeitreihen weisen im Niveau $\mathbf{y}_t$ einen quadratischen und in den ersten Differenzen $\Delta \mathbf{y}_t$ einen linearen Trend auf. Die Kointegrationsbeziehungen enthalten sowohl Absolutglieder als auch lineare Trends.

Modell II: $\delta_0 = 0$, aber $\mu_0 \neq 0$, $\mu_1 \neq 0$ und $\delta_1 \neq 0$

Die Niveaudaten besitzen lineare – aber keine quadratischen – Trends, d. h. der deterministische Trend ist insofern restringiert, als er nur in den kointegrierenden Beziehungen „auftauchen" darf. Die Kointegrationsbeziehungen schließen sowohl Absolutglieder als auch lineare Trends ein. $\delta_1 \neq 0$ bedeutet, dass sich die deterministischen linearen Trends im Niveau nicht in den langfristigen Gleichgewichtsbeziehungen aufheben. Entweder enthält das Modell trendstationäre Variablen oder es existieren trendstationäre Linearkombinationen, die die stochastischen Trends eliminieren.

Modell III: $\delta_0 = \delta_1 = 0$, aber $\mu \neq 0$

Die originären Reihen sind durch lineare Trends charakterisiert, die sich in den Kointegrationsbeziehungen aufheben, so dass stationäre Linearkombinationen mit Konstanten ungleich Null resultieren.

Modell IV: $\delta = \mu_0 = 0$, aber $\mu_1 \neq 0$

Weder die Originaldaten noch die Kointegrationsbeziehungen weisen lineare deterministische Trends auf. Die einzigen deterministischen Komponenten im

---

[222] Vgl. hierzu Hendry/Juselius, 2001, S. 98-99 sowie Juselius, 2006, S. 99-100.

Modell sind die Absolutglieder in den Langfristbeziehungen, so dass der Mittelwert des Gleichgewichts von Null verschieden ist.

Modell V: $\delta = \mu = 0$

Es sind keinerlei deterministische Komponenten im Modell erlaubt, weder in den Daten noch in den kointegrierenden Beziehungen. Dieses Modell ist insbesondere aus empirischer Sicht weniger relevant, nicht zuletzt aus dem Grund, dass i. d. R. ein Absolutglied notwendig ist, um den Startwert der Zeitreihen zu erfassen.

Ist es notwendig, Dummy-Variablen im Modell zu berücksichtigen, weil die Zeitreihe(n) beispielsweise einem Strukturbruch unterliegen, so besteht auch hier ein Interpretationsproblem der Variablen bzw. Koeffizienten, da das VEC-Modell sowohl Niveaugrößen als auch deren erste Differenz beinhaltet. Um die duale Funktion dieser Variablen zu verdeutlichen, sollen zunächst folgende – bereits aus Kapitel 3.2.3 bekannte – Dummy-Variablen und deren Differenz betrachtet werden:[223]

DTS_t $\qquad (..., 0, 0, 1, 2, 3, 4, ...)$ $\quad$ ein Bruch im Anstiegsmaß

$\Delta DTS_t = DU_t$ $\quad (..., 0, 0, 0, 1, 1, 1, ...)$ $\quad$ ein Bruch im Niveau

$\Delta DU_t = DTB_t$ $\quad (..., 0, 0, 1, 0, 0, ...)$ $\quad$ ein additiver Ausreißer

ΔDTB_t $\qquad (..., 0, 0, 1, -1, 0, 0, ...)$ zwei entgegengesetzte additive Ausreißer

Werden Dummy-Variablen in einem VEC-Modell berücksichtigt, ergibt sich beispielsweise folgende formale Abhängigkeit:

$$\Delta \mathbf{y}_t = \boldsymbol{\alpha} \cdot \mathbf{B}' \mathbf{y}_{t-1} + \boldsymbol{\Gamma}_1 \mathbf{DU}_t + \boldsymbol{\Gamma}_2 \mathbf{DTB}_t + \boldsymbol{\Gamma}_3 \Delta \mathbf{DTB}_t + \sum_{i=1}^{p-1} \boldsymbol{\Phi}_i \Delta \mathbf{y}_{t-i} + \boldsymbol{\varepsilon}_t \qquad (3.3\text{-}17)$$

Analog zu den deterministischen Komponenten Konstante und linearer Trend ist auch hier eine Aufspaltung der Parameter möglich. Für das Beispiel aus Gleichung (3.3-17) kann folgende Aufteilung gelten:

---

[223] Siehe hierzu auch Anhang 2, S. 168.

$$\Gamma_1 = \eta_0 + \alpha \cdot \eta_1 \qquad\qquad\qquad (3.3\text{-}18)$$

$$\Gamma_2 = \upsilon_0 + \alpha \cdot \upsilon_1 \qquad\qquad\qquad (3.3\text{-}19)$$

$$\Gamma_3 = \psi_0 + \alpha \cdot \psi_1 \qquad\qquad\qquad (3.3\text{-}20)$$

Hierbei bezieht sich der jeweils letzte Term der Gleichungen (3.3-18) bis (3.3-20) auf die langfristigen Gleichgewichtsbeziehungen (auch erkennbar an der Multiplikation mit α). Durch die Einführung entsprechender Restriktionen können die Eigenschaften der Zeitreihen und der Kointegrationsbeziehungen modelliert werden. Die folgenden zwei Beispiele sollen zur Veranschaulichung dienen:[224]

Angenommen, man möchte einen Niveausprung in den kointegrierten Beziehungen modellieren, gleichzeitig jedoch keinen „Knick" im Anstiegsmaß der originären Größen zulassen, dann muss die Restriktion $\eta_0 = 0$ gelten. $\alpha \cdot \eta_1$ mit $\eta_1 \neq 0$ beschreibt, dass die langfristigen Beziehungen Niveauverschiebungen unterliegen, die aus entsprechenden Brüchen in den Ausgangsgrößen resultieren, sich aber nicht in $\mathbf{B}'\mathbf{y}_{t-1}$ aufheben. Da ein Niveaubruch in $\mathbf{y}_t$ einen additiven Ausreißer in $\Delta\mathbf{y}_t$ impliziert, bedeutet $\eta_1 \neq 0$ im Allgemeinen auch $\Gamma_2 \neq \mathbf{0}$.

Für $\Gamma_1 = 0$ weisen die Variablen keinen Bruch in der Steigung auf, und die Kointegrationsbeziehungen unterliegen keiner Niveauverschiebung. Wenn weiterhin $\upsilon_0 \neq \mathbf{0}$ gilt, dann sind die originären Reihen durch einen Bruch im Niveau gekennzeichnet, dessen Effekt sich aber in der Langfristbeziehung aufhebt.

Grundsätzlich können sowohl theoretische Überlegungen als auch die grafische Betrachtung der Variablen Hinweise bezüglich der Deterministik im Modell geben. Demzufolge ist es bei empirischen Anwendungen zwar durchaus denkbar, Annahmen hinsichtlich des Vorliegens linearer Trends oder von Strukturbrüchen in den Daten zu treffen. Ob sich diese deterministischen Komponenten in den langfristigen Beziehungen aufheben, ist dagegen äußerst schwierig einzuschätzen. Da – wie oben beschrieben – die Eigenschaften der Zeitreihen und Ko-

---

[224] Vgl. hierzu Juselius, 2006, S. 108.

integrationsbeziehungen durch (Null-)Restriktionen abgebildet werden können, ermöglicht die Anwendung statistischer Tests auf Restriktionen Entscheidungen über die Deterministik im Modell.

3.3.5 Schätzung kointegrierter Systeme: Ansatz von Johansen

Die Methoden zur Schätzung kointegrierter Systeme können in zwei Kategorien eingeordnet werden: Einzelgleichungs- und Systemschätzung. Verfahren, die den Einzelgleichungsansatz zugrunde legen, sind dann geeignet, wenn das Interesse in der Schätzung eines einzigen, bestimmten Kointegrationsvektors liegt. Hierzu ist es jedoch notwendig, dass eine bestimmte Variable als abhängige Größe festgelegt wird. Es ist offensichtlich, dass dies im n-Variablen-Fall äußerst schwierig ist, es sei denn, alle anderen Variablen sind mit Sicherheit exogen, d. h. die Anpassung nach einem Ungleichgewicht in der Vorperiode erfolgt nur über eine einzige, die abhängige Größe. Da im Allgemeinen nicht sämtliche Variablen, außer einer, exogen sind bzw. nicht mit Sicherheit davon ausgegangen werden kann, ist i. d. R. der Ansatz der Systemschätzung zu präferieren. Hierbei ist es außerdem möglich, die Anzahl der Kointegrationsbeziehungen zu ermitteln.

In der vorliegenden Arbeit wird der Ansatz von Johansen behandelt, der eine Erweiterung des VAR-Modells für instationäre Variablen ist.[225] Der Johansen-Ansatz ist eine ML-Schätzung eines VEC-Modells unter der Bedingung $\Pi = \alpha \cdot B'$ für einen gegebenen Rang r.[226]

Um einerseits das Schätzproblem zu vereinfachen und andererseits den Einfluss von deterministischen Termen sowie der kurzfristigen Dynamik zu eliminieren, wird ein so genanntes „konzentriertes" Modell betrachtet. Hierzu werden zunächst zwei Hilfsregressionen mit OLS geschätzt und anschließend mit den jeweiligen Residuen – den „bereinigten" Größen – weitergearbeitet. Konkret bedeutet dies, dass je nach Modellspezifikation sowohl Δy_t als auch y_{t-1} auf deterministische Komponenten (Absolutglied, linearer Trend, Dummy-Varia-

---

[225] Der Grundstein für den Johansen-Ansatz wurde in der Arbeit von Johansen (1988) gelegt. Darauf aufbauend haben Johansen bzw. Johansen und Juselius diesen Ansatz weiterentwickelt.

[226] Vgl. Kirchgässner/Wolters, 2006, S. 199.

blen) sowie verzögerte Differenzen von y_t regressiert werden. Die resultierenden Störgrößen $\Delta\tilde{y}_t$ bzw. $\tilde{y}_{t-1}$ gehen dann in folgendes konzentriertes Modell ein:[227]

$$\Delta\tilde{y}_t = \alpha \cdot \mathbf{B}'\tilde{y}_{t-1} + \varepsilon_t \tag{3.3-21}$$

mit

$$\varepsilon_t \sim N(0, \Sigma) \tag{3.3-22}$$

Die Restgröße ε_t soll also die Annahme der multivariaten Normalverteilung erfüllen, wobei Σ die Varianz-Kovarianzmatrix der Residuen bezeichnet. Die logarithmierte Likelihood-Funktion zu Gleichung (3.3-21) ist dann für den n-Variablen-Fall durch folgenden formalen Zusammenhang gegeben:[228]

$$\ell(\alpha, \mathbf{B}, \Sigma) = -\frac{T \cdot n}{2}\ln(2\pi) - \frac{T}{2}\ln\det(\Sigma)$$

$$-\frac{1}{2}\sum_{t=1}^{T}\left(\Delta\tilde{y}_t - \alpha \cdot \mathbf{B}'\tilde{y}_{t-1}\right)\Sigma^{-1}\left(\Delta\tilde{y}_t - \alpha \cdot \mathbf{B}'\tilde{y}_{t-1}\right) \tag{3.3-23}$$

Im Rahmen des Johansen-Ansatzes werden die ML-Schätzer in einem zweistufigen Prozess ermittelt:[229] In einem ersten Schritt wird $\mathbf{B}$ als bekannt angenommen, so dass $\mathbf{B}'\tilde{y}_{t-1}$ zu einer gegebenen Größe in Gleichung (3.3-21) wird und α mittels OLS geschätzt werden kann. Anschließend wird $\alpha = \hat{\alpha}(\mathbf{B})$ in die (logarithmierte) Likelihood-Funktion eingesetzt, die – wie die folgende Gleichung zeigt – zu einer Funktion von $\mathbf{B}$ wird und nicht mehr von α abhängt.[230]

$$\ell(\mathbf{B}) = \ell\left(\hat{\alpha}(\mathbf{B}), \mathbf{B}, \hat{\Sigma}(\mathbf{B})\right) = -\frac{T \cdot n}{2}\ln(2\pi) - \frac{T}{2}\ln\det\left(\hat{\Sigma}(\mathbf{B})\right) - \frac{T \cdot n}{2} \tag{3.3-24}$$

---

[227] Vgl. hierzu Juselius, 2006, S. 116-117.
[228] Vgl. Neusser, 2009, S. 226-227.
[229] Vgl. hierzu Juselius, 2006, Kapitel 7.2.
[230] Vgl. Neusser, 2009, S. 227.

Die logarithmierte Likelihood-Funktion $\ell(\mathbf{B})$ wird maximiert, indem die Determinante der geschätzten Varianz-Kovarianzmatrix der Residuen $\hat{\mathbf{\Sigma}}(\mathbf{B})$ minimiert wird.[231] Es wird also letztlich der Wert für $\hat{\mathbf{B}}$ ermittelt, der die Log-Likelihood-Funktion (3.3-24) maximiert. Sobald der ML-Schätzer für $\mathbf{B}$ gefunden ist, kann $\hat{\mathbf{\alpha}} = \mathbf{\alpha}\left(\hat{\mathbf{B}}\right)$ berechnet werden.[232]

Die Lösung dieses Schätzproblems erfolgt – wie Johansen (1995) gezeigt hat – durch die Lösung eines so genannten Eigenwertproblems. Dieses Eigenwertproblem liefert n Eigenwerte $\hat{\lambda}_i$ sowie n zugehörige Eigenvektoren $\hat{\mathbf{v}}_i$ (i = 1, …, n). Bei einem Kointegrationsrang r sind nur noch r Eigenwerte positiv und die übrigen n-r Eigenwerte Null.[233] Die Eigenwerte werden der Größe nach geordnet, und es gilt: $1 \geq \hat{\lambda}_1 \geq ... \geq \hat{\lambda}_n \geq 0$.[234]

Weiterhin liefern die geschätzten Eigenwerte Hinweise über die Stationarität der Linearkombinationen von $\tilde{\mathbf{y}}_{t-1}$. Dies resultiert aus der Tatsache, dass $\hat{\lambda}_i$ als ein Maß für die Korrelation zwischen den Linearkombinationen der instationären Niveaugrößen $\tilde{\mathbf{y}}_{t-1}$ und den stationären Linearkombinationen der einmal differenzierten Variablen $\Delta\tilde{\mathbf{y}}_t$ des Modells interpretiert werden kann.[235] $\hat{\lambda}_i \approx 1$ bedeutet demnach, dass die Linearkombinationen von $\tilde{\mathbf{y}}_{t-1}$ mit dem stationären Teil des Prozesses nahezu perfekt korreliert sind und schließlich auch stationär sein müssen. Dagegen spricht $\hat{\lambda}_i \approx 0$ für instationäre Linearkombinationen der Ausgangsvariablen und damit nicht für kointegrierende Beziehungen. Auch vor diesem Hintergrund ist es plausibel, dass es bei einem Kointegrationsrang von r nur r positive Eigenwerte gibt bzw. n-r Eigenwerte existieren, die den Wert Null annehmen.

---

[231] Vgl. Neusser, 2009, S. 227-228.
[232] Vgl. Hendry/Juselius, 2001, S. 101.
[233] Vgl. Enders, 2004, S. 383.
[234] Vgl. Kirchgässner/Wolters, 2006, S. 200.
[235] Vgl. Hendry/Juselius, 2001, S. 101.

Anhand der r zugehörigen Eigenvektoren können dann (durch Normalisierung[236]) die geschätzten Kointegrationsvektoren $\hat{\beta}_i$ (i = 1, ..., r) ermittelt werden, die in der Matrix $\hat{B}$ zusammengefasst sind.[237]

3.3.6 Bestimmung des Kointegrationsrangs

Wie im vorherigen Abschnitt dargestellt wurde, können anhand der Eigenwerte Aussagen über den Kointegrationsrang getroffen werden. Der Test von Johansen setzt an diesem Aspekt an. Johansen hat eine Testprozedur entwickelt, die anhand der Größe der geschätzten Eigenwerte Entscheidungen bezüglich des Kointegrationsrangs r ermöglicht. Das statistische Problem liegt also darin, die Eigenwerte λ_i (i = 1, ..., r) zu bestimmen, die groß genug sind, um mit stationären Linearkombinationen der Niveaugrößen einherzugehen und solche Eigenwerte λ_i (i = r+1, ..., n) zu ermitteln, die klein genug sind, dass sie instationäre Linearkombinationen der originären Variablen repräsentieren.[238]

Zur Überprüfung auf signifikant positive Eigenwerte entwickelte Johansen zwei verschiedene, rechtsseitige Likelihood-Ratio-Testverfahren, der so genannte „Trace-Test" und der „Test des maximalen Eigenwertes (max-Test)". Beim Trace-Test wird die Nullhypothese „Es existieren höchstens r positive Eigenwerte" gegen die Alternativhypothese „Es gibt mehr als r positive Eigenwerte" getestet. Die Prüfgröße ist gegeben durch:[239]

$$\lambda_{trace}(r) = -T \sum_{i=r+1}^{n} \ln\left(1 - \hat{\lambda}_i\right) \qquad (3.3\text{-}25)$$

In die Teststatistik gehen nur diejenigen geschätzten Eigenwerte ein, die gemäß der Nullhypothese den Wert Null annehmen. Bei Gültigkeit von H_0 nimmt die Prüfgröße einen sehr kleinen Wert an, und die Nullhypothese kann demnach nicht abgelehnt werden. Ist der tatsächliche Kointegrationsrang größer als der

---

[236] Normalisierung bedeutet, dass jeweils ein Parameter im Vektor auf den Wert Eins normiert wird.

[237] Vgl. Kirchgässner/Wolters, 2006, S. 200 und Juselius, 2006, S. 119.

[238] Vgl. Hendry/Juselius, 2001, S. 102.

[239] Vgl. z. B. Enders, 2004, S. 352.

unter H_0 geprüfte, wird die Teststatistik groß, und die Nullhypothese wird abgelehnt. Es ist grundsätzlich eine sequentielle Testfolge, beginnend mit der Prüfung von r = 0 (bzw. n Einheitswurzeln), empfehlenswert.[240] Der Test wird solange fortgesetzt bis die Nullhypothese $H_0(r)$ nicht mehr abgelehnt werden kann. Entsprechend schließt man auf r linear unabhängige Kointegrations-vektoren bzw. es wird von einem Rang r der Matrix Π ausgegangen. Gleich-zeitig kann geschlussfolgert werden, dass n-r Einheitswurzeln vorliegen bzw. das System durch n-r gemeinsame stochastische Trends charakterisiert ist.

Alternativ zum Trace-Test kann der max-Test durchgeführt werden. Hierbei wird die Nullhypothese, dass es genau r positive Eigenwerte gibt, gegen die Alternative, dass genau r + 1 positive Eigenwerte vorliegen, getestet. Folgende Prüfgröße wird beim max-Test angewendet:[241]

$$\lambda_{max}(r, r+1) = -T \ln\left(1 - \hat{\lambda}_{r+1}\right) \qquad (3.3\text{-}26)$$

Auch hier beginnt die sequentielle Teststrategie mit der Prüfung von r = 0 bzw. n Einheitswurzeln und wird solange fortgesetzt, bis die Nullhypothese erstmals gestützt wird.

Die kritischen Werte der beiden Testverfahren wurden durch Simulationsstudien ermittelt. Sie hängen einerseits von der Anzahl der Kointegrationsvektoren unter H_0 und andererseits von der Determinstik im VAR-Modell und in den kointe-grierenden Beziehungen ab.[242]

Die korrekte Wahl des Kointegrationsrangs ist von hoher Bedeutung, da beispielsweise bei einer Unterschätzung von r relevante Anpassungsmechanis-men an das langfristige Gleichgewicht unberücksichtigt bleiben. Eine Über-schätzung der Anzahl kointegrierender Beziehungen, also die Aufnahme nicht-

---

[240] Es wird die top-bottom-Methode empfohlen, da diese im Vergleich zur bottom-top-Methode „bessere" Testergebnisse liefert. Vgl. Juselius, 2006, S. 133-134. Es wird von der top-bottom-Methode gesprochen, da hier die Anzahl der zu testenden unit roots aus-schlaggebend ist, und n − r = n Einheitswurzeln mit r = 0 Kointegrationsbeziehungen einhergehen.

[241] Vgl. z. B. Enders, 2004, S. 353.

[242] Für kritische Werte siehe Osterwald-Lenum, 1992, S. 461-472.

stationärer Linearkombinationen im Modell, wirkt sich auf die Verteilungen üblicher Statistiken (z. B. F-, t-Verteilung) aus, so dass bei Benutzung dieser Verteilungen ggf. inkorrekte Schlussfolgerungen gezogen werden. Weiterhin hat die fehlerhafte Wahl des Kointegrationsrangs negative Auswirkungen auf die Genauigkeit von Prognosen.[243]

Da die Festlegung des Kointegrationsrangs nicht nur kritisch sondern auch schwierig ist, sollten neben dem Johansen-Test folgende Kriterien zusätzlich herangezogen werden:[244]

1. Die charakteristischen Wurzeln des Modells
Wird eine Kointegrationsbeziehung zu viel im Modell aufgenommen, d. h. eine nichtstationäre Beziehung wird fälschlicherweise einbezogen, dann wird die größte unrestringierte charakteristische Wurzel des Modells[245] nahe am Einheitskreis liegen. Das VEC-Modell enthält dann nicht mehr ausschließlich – wie in Abschnitt 3.3.3 dargestellt – stationäre Terme.

2. Die t-Werte der Anpassungskoeffizienten α
Beinhaltet das Modell einen überflüssigen nichtstationären Vektor als Kointegrationsbeziehung, sind sämtliche t-Werte der zugehörigen Ladungsparameter in aller Regel klein, erfahrungsgemäß kleiner als 3,0.

3. Die Abbildung der rekursiv berechneten Trace-Statistik
In der rekursiv berechneten Trace-Statistik[246] wird der Term $\ln(1 - \lambda_i)$ über die Zeit mit zunehmendem Stichprobenumfang aufsummiert, so dass für Eigenwerte $\lambda_i \neq 0$ die rekursive Teststatistik linear im Zeitverlauf steigt. Demnach sollte für $i = 1, \ldots, r$ ein linearer Anstieg und für $i = r+1, \ldots, n$ ein konstanter Verlauf der Prüfgröße zu beobachten sein.

---

[243] Vgl. Hendry/Juselius, 2001, S. 101.
[244] Siehe hierzu Juselius, 2006, S. 142 sowie Hendry/Juselius, 2001, S. 106.
[245] Die Festlegung des Kointegrationsrangs auf r impliziert n-r Einheitswurzeln, also sind n-r Wurzeln restringiert. Die größte unrestringierte Wurzel ist demnach die Wurzel n-r+1, wenn sämtliche Wurzeln der Größe nach geordnet sind.
[246] Für die formale Darstellung der rekursiv berechneten Trace-Statistik siehe Juselius, 2006, S. 153.

4. Die grafische Darstellung der Kointegrationsbeziehungen

Die Kointegrationsbeziehungen verlaufen bei korrekter Wahl des Rangs alle stationär. Zeigt die Abbildung dagegen nichtstationäre Beziehungen, sollte der Kointegrationsrang überdacht werden.

5. Die ökonomische Interpretierbarkeit der Ergebnisse

Sind die Ergebnisse aus ökonomischer Perspektive nicht sinnvoll interpretierbar, empfiehlt es sich, die Anzahl der gewählten kointegrierenden Beziehungen nachzuprüfen.

3.3.7   Modellspezifikation und deren Beurteilung

Wie in Abschnitt 3.3.4 bereits erwähnt, sollte für die (vorläufige) Spezifikation des Modells grundsätzlich die grafische Darstellung der Zeitreihen sowohl im Niveau als auch in Differenzen betrachtet werden. Hieran und an den deskriptiven Statistiken können erste Einschätzungen hinsichtlich Trends, Ausreißer und Strukturbrüchen erfolgen und entsprechend deterministische Terme im Modell aufgenommen werden. Nach der Schätzung des Modells kann die Adäquatheit der gewählten Deterministik anhand von Tests auf Signifikanz überprüft werden.

Für die Wahl der (vorläufigen) Laglänge p werden analog zum stationären VAR-Modell Informationskriterien, wie beispielsweise das von Schwarz oder Hannan-Quinn, herangezogen. Weiterhin kann ein Likelihood-Ratio-Test angewandt werden, der jeweils zwei VAR-Modelle unterschiedlicher Laglänge gegeneinander testet und damit Rückschlüsse auf die „optimale" Laglänge ermöglicht.[247]

Um zu beurteilen, ob ein gegebenes Modell adäquat ist und somit für weitere Analysen genutzt werden kann, können verschiedene Kriterien bzw. Tests herangezogen werden. Problematisch an der Modellbeurteilung ist, dass einerseits die Tests zur Modellbeurteilung einen bestimmten Kointegrationsrang r voraussetzen, und andererseits für den Rangtest das Modell korrekt spezifiziert sein muss. Es liegt also auf der Hand, dass, aufgrund der gegenseitigen

---

[247] Für die formalen Definitionen der Informationskriterien sowie des Likelihood-Ratio-Tests siehe z. B. Juselius, 2006, S. 67-71.

Beeinflussung, die Beurteilung des Modells – und damit auch die Modellspezifi-kation – sowie die Modellschätzung und die Bestimmung des Kointegrations-rangs in einem iterativen Prozess erfolgen.

Zur Beurteilung der globalen Anpassungsgüte des Modells dient – ähnlich dem konventionellen Determinationskoeffizienten R^2 – die so genannte „Trace-Korrelation"[248]. Dieses Maß kann annähernd als durchschnittliches Bestimmt-heitsmaß der n Gleichungen interpretiert werden.

Im Rahmen der Residualanalyse werden die üblichen Annahmen Nicht-Autokorrelation, Homoskedastie und Normalverteilung überprüft. Hierzu dienen statistische Instrumente, die aus dem univariaten Bereich bekannt sind und entsprechend für den multivariaten Fall erweitert wurden. Ob die Residuen des Modells autokorreliert sind oder nicht, kann anhand eines Ljung-Box-Tests sowie LM-Tests beurteilt werden. Zum Prüfen auf heteroskedastische Residuen dient der ARCH-Test und zur Beurteilung, ob die Residuen normalverteilt sind, wird eine Teststatistik herangezogen, die – ähnlich zum herkömmlichen Jarque-Bera-Test – sowohl die Schiefe als auch die Wölbung der geschätzten Störterme beinhaltet.[249]

Abgesehen von der multivariaten Betrachtung können außerdem R^2-Werte und die Prüfgrößen der Residualanalyse für jede der n Gleichungen einzeln ermittelt und entsprechend zur Beurteilung der Modellspezifikation herangezogen werden.

3.3.8 Tests auf Parameterstabilität

Selbst wenn die Residuen die Modellannahmen erfüllen, bedeutet dies nicht gleichzeitig, dass die geschätzten Parameter über die gesamte Stichprobe $t = 1, \ldots, T$ konstant sind. Um die Parameterstabilität zu überprüfen, stehen mehrere Tests zur Verfügung, die in diesem Abschnitt kurz behandelt werden.

---

[248] Für die formale Definition der Trace-Korrelation siehe Juselius, 2006, S. 73.

[249] Für die jeweiligen Prüfgrößen sowie weitere Informationen zu den Teststatistiken siehe Juselius, 2006, S. 73-76.

Grundsätzlich bieten sich zur Überprüfung konstanter Koeffizientenschätzer rekursive Schätzungen an, da hieran ersichtlich wird, ob sich die geschätzten Parameterwerte bei zunehmendem Stichprobenumfang stabil halten oder verändern. Ausgangspunkt für solche rekursiven Schätzungen ist die Basisstichprobe, die sich je nach Vorgehensweise aus Beobachtungen zu Beginn bzw. am Ende der gesamten Stichprobe zusammensetzt; demnach unterscheidet man zwischen vorwärts und rückwärts laufenden rekursiven Schätzungen.

Für die Beurteilung bzw. Interpretation der Testergebnisse sind grafische Darstellungen der Prüfgrößen empfehlenswert, da hier „auf einen Blick" erkennbar ist, ob die Nullhypothese konstanter Parameterwerte gestützt wird oder nicht. Es ist weiterhin möglich, die Prüfgröße durch den kritischen Wert zu dividieren, was gleichbedeutend mit der Normierung der „kritischen Linie" auf den Wert Eins ist. Demzufolge führen Werte größer als Eins zu einer Ablehnung von H_0 bzw. Werte kleiner als Eins stützen die Nullhypothese.

Die einzelnen Testverfahren können sowohl für das Ausgangsmodell als auch für das konzentrierte Modell durchgeführt werden. Abweichende Testergebnisse können beispielsweise Hinweise darauf sein, dass die Parameter der langfristigen Beziehungen zwar stabil sind, nicht jedoch solche Parameter, die die kurzfristige Dynamik beschreiben.

Zum Testen konstanter Parameter gibt es unterschiedliche Ansatzpunkte im Modell. Eine dieser Möglichkeiten ist ein rekursiver Test, der sich auf das gesamte Modell bezieht – konkret wird die (logarithmierte) Likelihood-Funktion betrachtet. Ohne auf die formale Darstellung der Prüfgröße einzugehen, werden im Grunde bei diesem Test jeweils zwei Likelihood-Funktionen im Zeitablauf miteinander verglichen.[250] Je größer die Abweichungen sind, desto wahrscheinlicher ist eine Ablehnung der Nullhypothese; es wird folglich auf instabile Parameterwerte geschlossen.

Ein weiterer Anknüpfungspunkt zur Überprüfung konstanter Parameter sind die geschätzten Eigenwerte. Der Fokus solcher Tests ist also nicht mehr auf das gesamte Modell, sondern lediglich auf die Parameter des Fehlerkorrekturterms

---

[250] Eine dieser Likelihood-Funktionen ist stets die für den kompletten Zeitraum. Für die Teststatistik siehe z. B. Juselius, 2006, S. 151-152.

gerichtet. Die grundlegende Idee ist, dass bei stabilen Parameterwerten α und $\mathbf{B}$ ebenfalls die r Eigenwerte λ_i konstant sind.[251] Als Prüfgröße dient u. a. die bereits in Kapitel 3.3.6 erwähnte rekursiv berechnete Trace-Statistik. Liegen konstante Parameter vor, ist ein linear steigender Verlauf der Prüfgröße zu beobachten. Werden die Eigenwerte bzw. die mit Hilfe des Logarithmus transformierten Eigenwerte alleine betrachtet, sollten die entsprechenden Abbildungen konstante Verläufe zeigen. Eine weitere Testmöglichkeit bietet der so genannte „Schwankungstest", der einerseits die individuellen λ_i und andererseits das gewichtete Mittel der r Eigenwerte auf Konstanz prüft.[252]

Die dritte „Testklasse" bezieht sich auf den Kointegrationsraum $\mathbf{B}'\mathbf{y}_t$. Somit steht bei diesen Tests die Struktur von $\mathbf{B}$ im Mittelpunkt des Interesses. Haben beispielsweise die oben dargestellten Tests Indizien für fehlende Parameterkonstanz geliefert, kann nun überprüft werden, ob die Ursache in $\mathbf{B}$ liegt. Das Ziel dieser Tests liegt also in der Beurteilung, ob $\mathbf{B}$ ein stabiles Verhalten aufweist. Auch bei dieser Gruppe von Tests führen große Werte der Prüfgröße tendenziell zur Ablehnung der Nullhypothese konstanter Parameter.[253]

Eine vierte und letzte Testkategorie beruht auf dem Prognosefehler. Diese Tests basieren auf der Annahme, dass bei stabilen Parameterwerten Modelle mit reduziertem Stichprobenumfang (reduziert im Sinne des rekursiven Ansatzes) in der Lage sind, den jeweils nächsten Wert gut vorherzusagen. Zur Beurteilung der Güte dieser „Ein-Schritt-Prognosen" dient jeweils der Vergleich mit den tatsächlichen Werten. Es können sowohl für das gesamte System als auch für einzelne Zeitreihen χ^2-verteilte Teststatistiken berechnet werden. Wenige signifikante Werte sind nicht problematisch, sofern sie im Rahmen des gewählten Signifikanzniveaus auftreten (also bei einem 95%-Niveau sind fünf Prozent der Werte signifikant).[254]

---

[251] Dieser Zusammenhang beruht auf der Tatsache, dass die Eigenwerte eine quadratische Funktion von α und $\mathbf{B}$ sind. Vgl. Juselius, 2006, S. 150-151.

[252] Für detaillierte Informationen sowie die formale Darstellung siehe Juselius, 2006, S. 153-159.

[253] Für ausführliche Informationen siehe Juselius, 2006, S. 159-162.

[254] Nähere Informationen hierzu finden sich bei Juselius, 2006, S. 163-164.

3.3.9   Hypothesentests

Ist die endgültige Modellspezifikation inklusive Kointegrationsrang r bestimmt, können weitere Analyseschritte folgen. In diesem Abschnitt sollen Testverfahren vorgestellt werden, die es ermöglichen, Hypothesen einerseits bezüglich der Kointegrationsvektoren und andererseits hinsichtlich der Anpassungsparameter zu testen. Solche Hypothesen werden in Form von Restriktionen formuliert.

3.3.9.1   Restriktionen bezüglich der Kointegrationsvektoren

Sollen Hypothesen bezüglich der Kointegrationsmatrix $\mathbf{B}$ (H_B) bzw. der jeweiligen Kointegrationsvektoren β_i getestet werden, kann die Formulierung dieser Hypothesen grundsätzlich in zwei alternativen Formen erfolgen: entweder über die Spezifikation der frei zu schätzenden Parameter s_i oder über die m_i Restriktionen der einzelnen Vektoren β_i, wobei $n^* - s_i = m_i$ gilt ($i = 1, ..., r$).[255] Für ersteren Fall soll folgende Hypothese betrachtet werden:

$$H_B(r): \mathbf{B} = (\beta_1, \beta_2, ..., \beta_r) = (\mathbf{H}_1\kappa_1, \mathbf{H}_2\kappa_2, ..., \mathbf{H}_r\kappa_r)$$

Hierbei bezeichnen κ_i die $s_i \times 1$-dimensionalen Koeffizientenvektoren und $\mathbf{H}_i$ die so genannten $n^* \times s_i$-dimensionalen Designmatrizen, die die frei zu schätzenden Parameter in den Kointegrationsvektoren definieren.[256]

Für die Hypothesenformulierung über die Restriktionen in den Linearkombinationen ist die Spezifikation der $n^* \times m_i$-dimensionalen Matrizen $\mathbf{R}_i$ vorzunehmen. Diese Matrizen definieren die m_i Restriktionen bezüglich β_i wie folgt:[257]

---

[255] n^* ergibt sich als Summe der Zahl der endogenen Variablen (n) und der Anzahl deterministischer Größen in den Kointegrationsbeziehungen.

[256] Vgl. Juselius, 2006, S. 173.

[257] Vgl. hierzu Juselius, 2006, S. 174.

$$\mathbf{R}_1'\boldsymbol{\beta}_1 = \mathbf{0}$$

$$\vdots$$

$$\mathbf{R}_r'\boldsymbol{\beta}_r = \mathbf{0}$$

Es werden zwei Arten von Restriktionen unterschieden: die linearen Restriktionen und die Nullrestriktionen. Lineare Restriktionen liegen in aller Regel in der ökonomischen Theorie begründet bzw. die in der Theorie getroffenen Annahmen lassen sich als lineare Restriktionen formulieren. Ein Beispiel hierfür ist die Cobb-Douglas-Produktionsfunktion mit der Bedingung, dass die Summe der Produktionselastizitäten von Kapital und Arbeit immer Eins ist ($a + b = 1$). Nullrestriktionen dienen dagegen insbesondere der Überprüfung auf die Relevanz bestimmter Variablen. Werden solche Nullrestriktionen bestätigt, können die entsprechenden Größen eliminiert werden, da sie in der langfristigen Beziehung nicht von Bedeutung sind. Nullrestriktionen müssen sich hierbei nicht ausschließlich auf die endogenen Variablen $\mathbf{y}_t$ beziehen, sie können auch hinsichtlich der deterministischen Größen – wie Trend oder Dummy-Variablen – formuliert und getestet werden.

Möchte man Restriktionen testen, die sich nicht nur auf einen einzigen Kointegrationsvektor $\boldsymbol{\beta}_i$ beziehen, sondern für mehrere oder sogar alle Vektoren gleichermaßen gelten, kann die Hypothesenformulierung „kompakter" erfolgen. Für den Fall, dass dieselben Restriktionen für alle Kointegrationsvektoren getestet werden sollen, lauten die Hypothesen wie folgt:

$$H_B(r): \mathbf{B} = \mathbf{H} \cdot \boldsymbol{\kappa}$$

bzw.

$$H_B(r): \mathbf{R'B} = \mathbf{0}$$

Die Überprüfung identischer Restriktionen für alle Kointegrationsvektoren ist vor allem für die Absicherung der gewählten Modellspezifikation interessant. Stellt sich beispielsweise die Frage, ob ein linearer Trend in den kointegrierenden Beziehungen modelliert werden soll oder nicht, kann ein Test über eine entsprechende Restriktion durchgeführt werden.

Zur Verdeutlichung der Hypothesenformulierung soll folgendes einfaches Beispiel betrachtet werden: Ein System enthält drei endogene Variablen ($n = 3$), und es existieren zwei Kointegrationsbeziehungen ($r = 2$), die lineare Trends erlauben bzw. beinhalten ($n^* = 4$). Es soll überprüft werden, ob die Modellierung des deterministischen Trends in den kointegrierenden Vektoren sinnvoll ist. Für $\mathbf{y}_t^{*'} = [y_{1t}, y_{2t}, y_{3t}, t]$ gelten folgende Matrizen:

$$\mathbf{H} = \begin{bmatrix} 1 & 0 & 0 \\ 0 & 1 & 0 \\ 0 & 0 & 1 \\ 0 & 0 & 0 \end{bmatrix}, \quad \boldsymbol{\kappa} = \begin{bmatrix} \kappa_{11} & \kappa_{12} \\ \kappa_{21} & \kappa_{22} \\ \kappa_{31} & \kappa_{32} \end{bmatrix}$$

bzw.

$$\mathbf{R}' = [0, 0, 0, 1]$$

Um zu testen, ob die eingeführten Restriktionen bindend sind, muss zunächst das restringierte Modell geschätzt werden. Dieses restringierte Modell kann in seiner Ausgangsform beispielsweise – je nach Modellspezifikation und Hypothesenformulierung – wie folgt dargestellt werden:[258]

$$\Delta \mathbf{y}_t = \boldsymbol{\mu}_0 + \boldsymbol{\alpha} \cdot \boldsymbol{\kappa}' \cdot \mathbf{H}' \mathbf{y}_{t-1}^* + \sum_{i=1}^{p-1} \boldsymbol{\Phi}_i \Delta \mathbf{y}_{t-i} + \boldsymbol{\varepsilon}_t \tag{3.3-27}$$

Die Schätzung des restringierten Modells liefert die geschätzten Eigenwerte $\hat{\lambda}_i^*$, die – analog zum unrestringierten Fall – der Größe nach geordnet werden. Es sei an dieser Stelle angemerkt, dass bei Restriktionen hinsichtlich der endogenen Variablen die Zahl der Eigenwerte gerade um die Anzahl der Restriktionen sinkt. Es dürfen maximal $n - r$ Restriktionen der endogenen Variablen vorgenommen werden, so dass mindestens r Eigenwerte existieren. Einschränkungen der deterministischen Variablen beeinflussen die Anzahl der Eigenwerte dagegen nicht.[259]

---

[258] Gleichung (3.3-27) ergibt sich beispielsweise aus Gleichung (3.3-16) mit $\delta_0 = \mu_1 = 0$.
[259] Vgl. Juselius, 2006, S. 177.

Im Rahmen der Testprozedur wird dann der Wert der Likelihood-Funktion des restringierten Modells mit dem entsprechenden Wert des unrestringierten Modells ins Verhältnis gesetzt. Die konkrete Likelihood-Ratio-Teststatistik hängt hierbei von der jeweiligen Hypothesenformulierung ab und ist χ^2-verteilt.[260] Für das obige Beispiel, in dem identische Restriktionen für alle Kointegrationsvektoren geprüft werden, gilt die Prüfgröße

$$LR = T \sum_{i=1}^{r} \ln \frac{\left(1 - \hat{\lambda}_i^*\right)}{\left(1 - \hat{\lambda}_i\right)} \qquad (3.3\text{-}28)$$

mit $r \cdot m$ Freiheitsgraden, da m Restriktionen in r Kointegrationsvektoren eingeführt werden.[261] Wird die Nullhypothese gestützt, sind die Restriktionen bindend. In einem solchen Fall sind häufig die geschätzten Werte der Kointegrationsvektoren im restringierten und unrestringierten Modell sehr ähnlich.

Eine weitere interessante Fragestellung im Rahmen der Hypothesentests ist die Überprüfung einzelner Variablen auf (Trend-)Stationarität. Das Testen solcher Hypothesen ist beim Johansen-Ansatz ebenfalls möglich. Hierzu wird vorausgesetzt, dass ein oder mehrere Kointegrationsvektoren bekannt sind. Dies bedeutet, dass die Matrix $\mathbf{B}$ in n_b bekannte Vektoren $\mathbf{b}$ und $r - n_b$ unrestringierte Vektoren κ aufgeteilt wird. Dementsprechend teilen sich die Anpassungskoeffizienten α in α_1 (zugehörig zu den Vektoren $\mathbf{b}$) und α_2 (zu den Vektoren κ). Formal kann das Ausgangsmodell beispielsweise – abhängig von der jeweiligen Modellspezifikation – folgende Darstellung annehmen:

$$\Delta \mathbf{y}_t = \mu_0 + \alpha_1 \cdot \mathbf{b}'\mathbf{y}_{t-1}^* + \alpha_2 \cdot \kappa'\mathbf{y}_{t-1}^* + \sum_{i=1}^{p-1} \Phi_i \Delta \mathbf{y}_{t-i} + \varepsilon_t \qquad (3.3\text{-}29)$$

Die bekannten Vektoren $\mathbf{b}$ werden dabei so formuliert, dass sie gerade die Variablen abbilden, die zur Stationaritätsprüfung herangezogen werden; die Hypothesenformulierung erfolgt also direkt über die Vektoren $\mathbf{b}$. Zur Ver-

---

[260] Für einen Überblick zu den jeweiligen Teststatistiken sowie den zugehörigen Freiheitsgraden siehe z. B. Johansen, 1995, Kapitel 7.
[261] Vgl. Juselius, 2006, S. 177.

deutlichung wird erneut obiges Beispiel betrachtet: Soll überprüft werden, ob die Variable y_{2t} stationär ist, dann wird **b** folgendermaßen restringiert:

$$\mathbf{b}' = \begin{bmatrix} 0 & 1 & 0 & 0 \end{bmatrix}$$

Die Nullhypothese bildet hierbei die Annahme der Stationarität und die Prüfgröße ist – wie oben bereits erwähnt – eine Likelihood-Ratio-Teststatistik.[262] Kann die Nullhypothese nicht abgelehnt werden, da die ausgewählte Variable (trend)stationär ist, dann beinhaltet das System eine Kointegrationsbeziehung mehr, als ein Modell ohne diese Variable. Es sei noch einmal daran erinnert, dass es beim Festlegen des Kointegrationsrangs um die Überprüfung auf stationäre Linearkombinationen $\mathbf{B}'\mathbf{y}_{t-1}$ geht. Demnach bildet eine (trend)stationäre Variable, die durch entsprechende Hypothesenformulierung dargestellt wird, gerade eine solche stationäre Beziehung ab. Da in aller Regel nur differenzstationäre Variablen zur Untersuchung auf Kointegration herangezogen werden, sollten die betrachteten Größen bei zuverlässigen Einheitswurzeltests keine (trend)stationären Reihen sein. Einerseits kann dieser Test als zusätzliche Überprüfung herangezogen werden, andererseits ist es aus ökonomischen Gesichtspunkten manchmal sinnvoll, (trend)stationäre Größen einzubeziehen (z. B. um den Erklärungsgehalt zu erhöhen oder um ökonomische Theorien empirisch zu überprüfen).

3.3.9.2   Restriktionen bezüglich der Anpassungsparameter

Nachdem im vorangegangenen Abschnitt Tests bezüglich der Kointegrationsmatrix **B** behandelt wurden, soll in diesem Abschnitt die Überprüfung von Hypothesen hinsichtlich der Ladungsmatrix **α** dargestellt werden. Die Formulierung der Hypothesen kann auch hier grundsätzlich auf zweierlei Wegen erfolgen.

Zunächst wird die Überprüfung auf schwache Exogenität einzelner Variablen hinsichtlich die Kointegrationsvektoren betrachtet. Die Hypothese der langfristigen schwachen Exogenität bedeutet, dass die entsprechende Variable zwar den langfristigen Pfad der anderen Variablen beeinflusst, gleichzeitig jedoch selbst

---

[262] Siehe hierzu Juselius, 2006, S. 184.

nicht von diesen Größen bestimmt wird.[263] Die langfristige schwache Exogenität – wie sie hier betrachtet wird – impliziert nicht gleichzeitig die kurzfristige schwache Exogenität.[264]

Formal bedeutet die Hypothese der schwachen Exogenität, dass die Ladungsmatrix α eine (oder mehrere) Nullzeile(n) aufweist. Die Hypothesenformulierung ähnelt also dem Fall identischer Restriktionen für alle Kointegrationsvektoren und ist durch folgende Darstellung gegeben:[265]

$$H_\alpha(r):\ \mathbf{R}'\alpha = 0$$

Zur Veranschaulichung soll das Beispiel aus vorigem Abschnitt ($n=3$, $r=2$) dienen. Angenommen die Variable y_{3t} sei schwach exogen, dann kann das VEC-Modell (in verkürzter Form) folgendermaßen abgebildet werden:

$$\begin{bmatrix} \Delta y_{1t} \\ \Delta y_{2t} \\ \Delta y_{3t} \end{bmatrix} = \begin{bmatrix} \alpha_{11} & \alpha_{12} \\ \alpha_{21} & \alpha_{22} \\ 0 & 0 \end{bmatrix} \begin{bmatrix} \beta_1' y_{t-1} \\ \beta_2' y_{t-1} \end{bmatrix} + \cdots \tag{3.3-30}$$

Aus Gleichung (3.3-30) geht hervor, dass Δy_{3t} keine Informationen über die langfristigen Beziehungen enthält und somit nicht für eine Anpassung an das langfristige Gleichgewicht nach einer Störung sorgt. Gleichzeitig ist die Variable y_{3t} in den Kointegrationsbeziehungen enthalten und beeinflusst damit den Verlauf der anderen Reihen im System.

Es ist offensichtlich, dass zum Überprüfen auf schwache Exogenität das gesamte System geschätzt werden muss, um anschließend entsprechende Nullrestriktionen anhand einer Likelihood-Ratio-Teststatistik zu testen.[266] Da annahmegemäß jede schwach exogene Variable einen gemeinsam treibenden Trend darstellt, was gleichbedeutend mit einer Einheitswurzel im gesamten System ist,

---

[263] Vgl. Juselius, 2006, S. 193.
[264] Vgl. Hendry/Juselius, 2001, S. 114. Im Folgenden ist mit schwacher Exogenität stets die langfristige schwache Exogenität gemeint.
[265] Vgl. Juselius, 2006, S. 194.
[266] Für die Teststatistik siehe Juselius, 2006, S. 195.

kann die Zahl der Nullzeilen bzw. schwach exogenen Größen maximal n – r betragen.[267] Es müssen demnach mindestens r Zeilen von α ungleich Null sein.

Enthält das System eine oder mehrere schwach exogene Variable(n), kann die Schätzung eines partialen Modells empfehlenswert sein,[268] da hierdurch u. U. stabilere Parameterschätzungen resultieren können.[269] Die Dimension des Modells (ursprünglich n endogene Variablen) reduziert sich dabei gerade um die Anzahl der schwach exogenen Variablen. Formal kann der Variablenvektor y_t in $y_{a,t}$ und $y_{b,t}$ aufgespaltet werden, wobei $y_{a,t}$ die endogenen und $y_{b,t}$ die schwach exogenen Größen beinhaltet; die Ladungsparameter teilen sich entsprechend in α_a und α_b mit $\alpha_b = 0$ entsprechend der schwachen Exogenität. Das VEC-Modell nimmt dann (in verkürzter Form) die folgende Darstellung an:[270]

$$\Delta y_{a,t} = A_0 \cdot \Delta y_{b,t} + \alpha_a B' y^*_{t-1} + \sum_{i=1}^{p-1} \Phi_i \Delta y_{t-i} + \cdots \qquad (3.3\text{-}31)$$

Das Heranziehen eines partialen Modells wirkt sich auf den Rangtest aus, so dass ein erneutes Überprüfen des Kointegrationsrangs erforderlich wird; es gelten andere kritische Werte.[271]

Eine zweite interessante Hypothese bei Betrachtung der Ladungsmatrix ist die eines so genannten Einheitsvektors in α bzw. des Vorliegens eines Vektors, der proportional zu einem Einheitsvektor ist. Im Grunde handelt es sich bei dieser Hypothese um die Aussage, dass eine Variable alleine für den Anpassungs-mechanismus einer bestimmten Kointegrationsbeziehung verantwortlich ist, während die anderen Variablen ausschließlich zu den Anpassungsmechanismen der übrigen r – 1 Kointegrationsbeziehungen beitragen können.[272]

---

[267] Vgl. Juselius, 2006, S. 194.
[268] Streng genommen sollte für die Verwendung eines partialen Modells auch die Exogenität hinsichtlich der kurzfristigen Parameter gegeben sein. Häufig wird dieser Aspekt jedoch außer Acht gelassen, wenn das Interesse ausschließlich in der Untersuchung langfristiger Beziehungen liegt. Vgl. Juselius, 2006, S. 252.
[269] Vgl. Hendry/Juselius, 2001, S. 114.
[270] Vgl. Hendry/Juselius, 2001, S. 113.
[271] Für kritische Werte siehe Harbo/Johansen/Nielsen/Rahbek, 1998, S. 392-393.
[272] Vgl. Juselius, 2006, S. 201.

Die Überprüfung der Hypothese eines Vektors proportional zum Einheitsvektor erfolgt erneut anhand einer χ^2-verteilten Likelihood-Ratio-Teststatistik.[273] Wird die Hypothese gestützt, haben die Schocks auf die korrespondierende Variable keine permanenten – wenn auch vorübergehende – Effekte auf die übrigen Größen im System.[274]

Formal bedeutet das Vorliegen eines Vektors, der proportional zu einem Einheitsvektor ist, dass eine Zelle in α einen Wert ungleich Null annimmt und gleichzeitig in den übrigen Zellen der zugehörigen Spalte jeweils Nullen stehen. Abschließend soll obiges Beispiel erneut zur Veranschaulichung dienen. Ist beispielsweise die erste Variable im Modell diejenige, deren Schocks keine permanenten Auswirkungen auf die übrigen Reihen haben, dann ist die erste Spalte von α proportional zu einem Einheitsvektor. Die Ladungsmatrix nimmt folgende Form an:

$$\alpha = \begin{bmatrix} \alpha_{11} & \alpha_{21} \\ 0 & \alpha_{22} \\ 0 & \alpha_{23} \end{bmatrix}$$

3.3.10 Identifikation der Modellparameter

Bei der empirischen Untersuchung kointegrierter VAR-Modelle wird man mit zwei verschiedenen Identifikationsproblemen konfrontiert; nämlich mit der Identifikation der langfristigen sowie der kurzfristigen Struktur. Für die Identifikation der Modellparameter ist die zugrunde liegende Modellform (reduzierte vs. strukturelle Form) entscheidend. Bisher wurden lediglich Modelle in reduzierter Form betrachtet, die im vereinfachten Fall folgende Form annehmen können:

$$\Delta y_t = \alpha \cdot B' y_{t-1} + \Phi_1 \Delta y_{t-1} + \varepsilon_t, \qquad \varepsilon_t \sim N(0, \Sigma) \qquad (3.3-32)$$

Durch Multiplikation von Gleichung (3.3-32) mit der nicht-singulären $n \times n$-dimensionalen Matrix A_0 erhält man folgendes strukturelles Modell:

---

[273] Für weitere Informationen siehe Johansen, 1995, S. 127.
[274] Siehe hierzu auch Kapitel 3.3.11.

$$A_0 \Delta y_t = a \cdot B' y_{t-1} + A_1 \Delta y_{t-1} + \omega_t, \quad \omega_t \sim N(0, \Omega) \tag{3.3-33}$$

Es bezeichnet Ω die Varianz-Kovarianzmatrix der strukturellen Schocks, und es gelten folgende Beziehungen zwischen den Parametern der reduzierten und der strukturellen Form:

$$\alpha = A_0^{-1} a, \quad \Phi_1 = A_0^{-1} A_1, \quad \varepsilon_t = A_0^{-1} \omega_t, \quad \Sigma = A_0^{-1} \Omega A_0'^{-1}$$

Die Parameter der langfristigen Struktur des Modells **B** sind identisch in beiden Modellformen. Demnach kann sowohl das reduzierte als auch das strukturelle Modell zur Identifikation herangezogen werden. Im Gegensatz hierzu unterscheidet sich die kurzfristige Anpassungsstruktur je nach Modellform.

Der Identifikationsprozess startet i. d. R. mit der Identifikation von **B** (siehe Abschnitt 3.3.10.1). Anschließend werden für ein gegebenes **B** die Parameter der kurzfristigen Struktur identifiziert (siehe Abschnitt 3.3.10.2).[275]

3.3.10.1 Identifikation der langfristigen Struktur

Ist das kointegrierte Modell durch mehr als einen Kointegrationsvektor gekennzeichnet, sind α und **B** nicht mehr eindeutig.[276] Für die eindeutige Identifikation der Koeffizienten ist es daher i. d. R. erforderlich, dass neben geeigneten Normalisierungen[277] auch $r(r-1)$ genau identifizierende Restriktionen bezüglich **B** eingeführt werden (also für jeden Kointegrationsvektor werden $r-1$ Restriktionen benötigt).[278]

Nicht alle Restriktionen lösen das Identifikationsproblem; beispielsweise sind Bedingungen, die alle Kointegrationsvektoren gleichermaßen betreffen, keine

---

[275] Durch das „Fixieren" von **B** werden die geschätzten Kointegrationsbeziehungen $\hat{B}' y_{t-1}$ zu stationären vorherbestimmten Regressoren. Die statistische Rechtfertigung für diese Annahme liegt in der superkonsistenten Schätzung der Langfristparameter. Vgl. Juselius, 2006, S. 230.

[276] Vgl. Dennis, 2006, S. 13.

[277] In jedem Kointegrationsvektor wird ein Parameter auf Eins normiert. Kritisch ist hierbei, dass der wahre Wert des gewählten Koeffizienten auch tatsächlich ungleich Null ist.

[278] Vgl. Juselius, 2006, S. 208.

identifizierenden Restriktionen.[279] Als Beurteilungskriterium, ob die gewählten Restriktionen zur Identifikation der Parameter führen, dient das Rangkriterium. Folgende Bedingung(en) müssen demnach erfüllt sein:[280]

$$\text{Rang}\left(\mathbf{R}_i'\mathbf{H}_{i_1},\ldots,\mathbf{R}_i'\mathbf{H}_{i_g}\right)\geq g \tag{3.3-34}$$

Es bezeichnen $\mathbf{R}$ und $\mathbf{H}$ – analog zu den Ausführungen in Kapitel 3.3.9 – die Matrizen, die die Informationen bezüglich der frei zu schätzenden Parameter bzw. der Restriktionen beinhalten. Für die Indizes gilt:

$i = 1,\ldots,r$

$g = 1,\ldots,r-1$

$1 \leq i_1 < \cdots < i_g \leq r$, ohne i.

Es ist ersichtlich, dass sich die Bedingung(en) in Abhängigkeit des Kointegrationsrangs r ändern. Beispielhaft soll $r = 3$ betrachtet werden: Die Bedingungen, die zur Identifikation erfüllt sein müssen, lauten in diesem Fall

$$r_{i.j} = \text{Rang}\left(\mathbf{R}_i'\mathbf{H}_j\right)\geq 1, \qquad\qquad i \neq j$$

und

$$r_{i.jk} = \text{Rang}\left(\mathbf{R}_i'\left(\mathbf{H}_j,\mathbf{H}_k\right)\right)\geq 2, \qquad\qquad i, j, k \text{ verschieden.}$$

Mit jedem Kointegrationsvektor erhöht sich die Anzahl der Bedingungen um Eins. Ist in Bedingung (3.3-34) die „Gleichheit" ($\text{Rang} = g$) für alle i gegeben, ist das System genau identifiziert. Wird dagegen für mindestens ein i die „Ungleichheit" ($\text{Rang} > g$) nachgewiesen – wobei die übrigen i identifiziert sind – ist das System im Allgemeinen überidentifiziert.[281]

Im Falle einer Überidentifizierung ändert sich die Likelihood-Funktion des Modells, und ein Likelihood-Ratio-Test kann somit zur Beurteilung der Restrik-

---

[279] Vgl. Hendry/Juselius, 2001, S. 110.
[280] Vgl. Johansen/Juselius, 1994, S. 15.
[281] Vgl. Juselius, 2006, S. 210.

tionen durchgeführt werden.[282] Die Likelihood-Ratio-Teststatisik zur Gesamt-prüfung der Restriktionen in überidentifizierten Systemen ist χ^2-verteilt.[283] Bei Stützung der Nullhypothese wird die entsprechend der Restriktionen geschätzte Struktur als stationär angesehen, und somit werden die eingeführten, überidenti-fizierenden Restriktionen akzeptiert.

3.3.10.2 Identifikation der kurzfristigen Struktur

Für die Identifikation der kurzfristigen Struktur, bestehend aus n Gleichungen, ist es notwendig, dass in jeder der n Gleichungen mindestens n-1 Restriktionen eingeführt werden. Es ist zu beachten, dass sich die Anzahl notwendiger Res-triktionen nach der Anzahl der endogenen Variablen richtet; demnach reduziert sich bei Vorliegen streng exogener Variablen[284] – analog zur Dimension des Modells – die Zahl erforderlicher Bedingungen.[285]

Weiterhin erfordert die Identifikation der kurzfristigen Modellstruktur – im Gegensatz zur Identifikation der langfristigen Beziehungen – häufig, dass die Residuen nicht signifikant korreliert sind. Sind die Residuen annäherungsweise unkorreliert, dann ist es möglich, sie als geschätzte Schocks zu bezeichnen.[286]

Wird ein VAR-Modell in reduzierter Form betrachtet, so dass potentielle simultane Effekte nicht explizit modelliert werden, können hohe Werte der Ko-varianzen zwischen den Residuen Hinweise auf solche kontemporären Effekte zwischen den Variablen im System sein.[287]

---

[282] Bei genau identifizierten Systemen ist ein solcher Test nicht möglich, da dann die Likelihood-Funktion unverändert bleibt. Vgl. Harris/Sollis, 2003, S. 143. Die Schätzung des Modells mit Restriktionen ist wesentlich komplizierter als im unrestringierten Fall. Zur Schätzung siehe z. B. Juselius, 2006, S. 210-212. Weiterhin sei angemerkt, dass durch die Schätzung von **B** gleichzeitig auch die zugehörigen Ladungsparameter **α** ermittelt werden.

[283] Für weitere Informationen zur Teststatistik siehe Juselius, 2006, S. 211-212.

[284] Die strenge Exogenität bedeutet, dass die Variablen nicht nur hinsichtlich der langfristigen Struktur sondern auch bezüglich der Kurzfristdynamik exogen sind.

[285] Vgl. Juselius, 2006, S. 229.

[286] Vgl. Juselius, 2006, S. 230.

[287] Die Kovarianzmatrix der Residuen liefert lediglich Hinweise auf simultane Effekte, da hohe Korrelationen zwischen den Restgrößen auch andere Ursachen haben können. Vgl. hierzu Juselius, 2006, S. 239-240.

Zur Veranschaulichung des Identifikationsproblems der kurzfristigen Struktur soll die strukturelle Gleichung (3.3-33) erneut betrachtet werden:

$$A_0 \Delta y_t = a \cdot B' y_{t-1} + A_1 \Delta y_{t-1} + \omega_t, \quad \omega_t \sim N(0, \Omega)$$

Im Falle eines reduzierten Modells sind die Diagonalelemente der kontemporären Matrix A_0 alle gleich Eins, und die Werte unter- und oberhalb dieser Diagonalen betragen Null. Somit liegen im reduzierten Modell genau $n(n-1)$ (Null-)Restriktionen vor, und die Kurzfriststruktur ist genau identifiziert.

Liegen dagegen kontemporäre Effekte vor, müssen Restriktionen explizit eingeführt werden, um die Parameter bei gleichzeitig unkorrelierten Residuen zu identifizieren. Die Transformation des Modells in eine trianguläre Form nach der Choleski-Dekomposition ist eine der beliebtesten Methoden. Ausgangspunkt dieses Vorgehens ist die Zerlegung der Residuen in eine trianguläre Form, so dass die Restgrößen definitionsgemäß unkorreliert sind. Entsprechend der Residuenzerlegung durch Nullrestriktionen erhält die kontemporäre Matrix A_0 ebenfalls eine trianguläre Form, wodurch $n(n-1)/2$ Restriktionen in A_0 gegeben sind. Die weiteren $n(n-1)/2$ Restriktionen, die für die Identifikation des Modells erforderlich sind, finden sich in der Varianz-Kovarianzmatrix Ω. Diese Restriktionen ergeben sich gerade aus der Choleski-Dekomposition, da hierbei die Residuen so angeordnet werden, dass sie unkorreliert sind. Um eine solche Zerlegung vorzunehmen bzw. solche Restriktionen einzuführen, müssen die Variablen in eine kausale Reihenfolge gebracht werden. Diese kausale Beziehungskette ist vom Anwender festzulegen und somit mehr oder weniger willkürlich bzw. subjektiv.

Es ist grundsätzlich möglich, die Parameter der kurzfristigen Struktur über die Formulierung von Designmatrizen – analog zu Kapitel 3.3.9 – zu restringieren. Der Vorteil dieser allgemeinen Restriktionsmöglichkeit ist, dass vereinzelte insignifikante Koeffizienten gleich Null gesetzt werden können. Nachteilig an dieser Vorgehensweise ist jedoch, dass die Schätzung erheblich schwieriger wird und sie nicht mehr mit OLS Gleichung für Gleichung – wie im VAR-Modell üblich – durchgeführt werden kann. Weiterhin ist die Einführung von einzelnen Nullrestriktionen im Hinblick auf die Identifizierbarkeit des Modells sowie die Unkorreliertheit der Residuen bei gleichzeitig ökonomisch plausiblen Ergebnissen nicht ohne weiteres möglich.[288]

Es sollte berücksichtigt werden, dass im Allgemeinen die Identifikation der kurzfristigen Struktur mehr das Ziel einer sparsamen Parametrisierung hat, als dem Testen ökonomischer Hypothesen dient.[289] Daher, bzw. vor dem Hintergrund, dass bei der Kointegrationsanalyse die Untersuchung langfristiger Beziehungen im Vordergrund steht, wird der Identifikation der kurzfristigen Dynamik bei der empirischen Anwendung i. d. R. wenig Aufmerksamkeit geschenkt. Eine Ausnahme sind hierbei die Ladungsparameter, da diese – durch die Beschreibung der Anpassungsmechanismen nach einer Gleichgewichtsstörung – unmittelbar mit den Langfristbeziehungen zusammenhängen.

3.3.11 Identifikation der gemeinsamen Trends

Wie bereits erwähnt wurde, enthält das Modell bei einem Kointegrationsrang r genau n – r gemeinsame stochastische Trends. Um diese Trends zu analysieren, bietet sich die MA-Darstellung des VAR-Modells (VMA-Darstellung) an. Zur Veranschaulichung soll folgendes vereinfachtes VAR-Modell betrachtet werden:

$$\Delta \mathbf{y}_t = \boldsymbol{\alpha} \cdot \mathbf{B}' \mathbf{y}_{t-1} + \sum_{i=1}^{p-1} \boldsymbol{\Phi}_i \Delta \mathbf{y}_{t-i} + \boldsymbol{\varepsilon}_t \qquad (3.3\text{-}35)$$

Die korrespondierende VMA-Darstellung nimmt folgende Form an:[290]

$$\mathbf{y}_t = \mathbf{C} \sum_{i=1}^{t} \boldsymbol{\varepsilon}_i + \mathbf{C}^*(L)\boldsymbol{\varepsilon}_t + \mathbf{Y}_0 \qquad (3.3\text{-}36)$$

mit

---

[288] Für ausführliche Informationen zur Einführung allgemeiner Restriktionen siehe Juselius, 2006, S. 243-251.

[289] Vgl. Juselius, 2006, S. 233.

[290] Vgl. Lütkepohl/Krätzig, 2004, S. 168. Für eine ausführliche Herleitung der VMA-Darstellung siehe z. B. Juselius, 2006, S. 84-87.

$$C = B_\perp \left(\alpha'_\perp \left(I - \sum_{i=1}^{p-1} \Phi_i \right) B_\perp \right)^{-1} \alpha'_\perp \qquad (3.3\text{-}37)$$

Der Term Y_0 enthält alle Startwerte und $C^*(L)\epsilon_t$ erfasst die stationären stochastischen Komponenten des Prozesses. $\alpha_\perp$ und $B_\perp$ bezeichnen die $n \times (n-r)$-dimensionalen orthogonalen Komplemente für gegebenes α und B, mit $B'B_\perp = 0$, Rang$(\alpha, \alpha_\perp) = n$ und Rang$(B, B_\perp) = n$.[291]

Die Matrix C kann – ähnlich zur Matrix Π – als ein Produkt zweier Matrizen dargestellt werden. Mit $\dot{B}_\perp = B_\perp \left(\alpha'_\perp \left(I - \sum_{i=1}^{p-1} \Phi_i \right) B_\perp \right)^{-1}$ ergibt sich folgende Zerlegung:

$$C = \dot{B}_\perp \alpha'_\perp \qquad (3.3\text{-}38)$$

Die $n-r$ gemeinsamen stochastischen Trends sind in $\alpha'_\perp \sum_{i=1}^{t} \epsilon_i$ abgebildet, und die Matrix $\dot{B}_\perp$ kann als deren Ladungen interpretiert werden.[292] Zusammenge-fasst enthält C Informationen darüber, wie die kumulierten Residuen der einzelnen Größen jeweils die einzelnen Variablen beeinflussen.

Für die Analyse der gemeinsamen Trends im Modell ist die Normierung jedes Trends notwendig. In Anlehnung an die Hypothesentests aus Kapitel 3.3.9.2 empfiehlt sich die Normierung auf eine schwache exogene Variable, da diese definitionsgemäß eine treibende Größe darstellt und somit signifikant von Null verschieden sein sollte. Gleichzeitig sollte keine Variable, die durch einen Vektor proportional zum Einheitsvektor gekennzeichnet ist, als Normierung dienen, da solche Größen ausschließlich anpassenden Charakter aufweisen – bzw. Schocks auf diese Reihen keine permanente Auswirkungen auf die übrigen

---

[291] Vgl. Juselius, 2006, S. 85.
[292] Vgl. Juselius, 2006, S. 256.

Variablen haben. Formal entspricht ein Vektor proportional zum Einheitsvektor in α einer Nullspalte in $\alpha'_\perp$ und damit auch in C.[293]

Durch die Normierung der Trends ergeben sich gleichzeitig die für die Identifikation notwendigen Restriktionen. Die Variablen, die zur Normierung dienen, sollen nicht die anderen Trends beeinflussen, d. h. es werden entsprechende Nullrestriktionen eingeführt.[294]

Neben den notwendigen Normierungen und Restriktionen in $\alpha'_\perp$ ist es möglich, zuvor festgelegte Restriktionen der Matrizen α und B, beizubehalten. Wird also beispielsweise eine konkrete Variable als exogene Größe festgelegt, dann ergibt sich einer der gemeinsamen Trends ausschließlich aus der Summe der Schocks auf diese Variable. Erfüllt die Variable darüber hinaus die Bedingung der strengen Exogenität, d. h. sie ist auch hinsichtlich der kurzfristigen Dynamik des Modells exogen, dann ist die Variable selbst der gemeinsame Trend, da sie sich gerade aus der kumulierten Summe der Residuen ergibt.[295]

3.3.12 Identifikation struktureller Schocks

Im vorherigen Abschnitt wurden ausschließlich $n - r$ gemeinsame Trends und damit die permanenten Schocks des Modells diskutiert, wobei die Bedingung orthogonaler Residuen nicht notwendig war. Dieser Abschnitt beschäftigt sich nun mit der Unterscheidung bzw. Einteilung der Schocks in r transitorische und $n - r$ permanente Schocks, bei gleichzeitiger Anforderung orthogonaler Residuen.

Um den Residuen bzw. den empirischen Schocks des Modells eine ökonomische Interpretation zu geben, ist die Betrachtung eines strukturellen Modells notwendig. Hierbei wird angenommen, dass die n linear unabhängigen strukturellen Schocks ω_t mit den n Residuen des VAR-Modells ε_t in folgender Beziehung zueinander stehen:[296]

---

[293] Vgl. Juselius, 2006, S. 257.
[294] Vgl. Dennis, 2006, S. 85.
[295] Vgl. Juselius, 2006, S. 263.
[296] Vgl. Dennis, 2006, S. 88.

$$\varepsilon_t = \mathbf{D}^{-1}\omega_t \qquad \text{bzw.} \qquad \omega_t = \mathbf{D}\varepsilon_t \qquad\qquad (3.3\text{-}39)$$

Die $n \times n$-dimensionale Matrix $\mathbf{D}$ ist ähnlich der kontemporären Matrix $\mathbf{A}_0$ aus Gleichung (3.3-33), und es gilt $\omega_t \sim N(\mathbf{0}, \mathbf{I})$.[297] Unter Berücksichtigung dieser Bedingungen ergibt sich folgende VMA-Darstellung des strukturellen Modells:

$$\mathbf{y}_t = \dot{\mathbf{B}}_\perp \boldsymbol{\alpha}'_\perp \mathbf{D}^{-1} \sum_{i=1}^{t} \omega_i + \mathbf{C}^*(L)\mathbf{D}^{-1}\omega_t + \mathbf{Y}_0 \qquad\qquad (3.3\text{-}40)$$

Durch das Einbeziehen zeitgleicher Effekte im VAR-Modell ändert sich die Definition der empirischen Schocks und damit auch die Definitionen der Matrix $\mathbf{C}$ zu $\overline{\mathbf{C}} = \mathbf{CD}^{-1} = \dot{\mathbf{B}}_\perp \boldsymbol{\alpha}'_\perp \mathbf{D}^{-1}$ sowie der Impuls-Antwort-Funktionen $\mathbf{C}^*(L)$ zu $\overline{\mathbf{C}}^*(L) = \mathbf{C}^*(L)\mathbf{D}^{-1}$.

Außerdem müssen wegen der Berücksichtigung von $\mathbf{D}$ im strukturellen Modell $n \times n$ zusätzliche Parameter geschätzt und damit $n \times n$ Restriktionen eingeführt werden, damit das Modell genau identifiziert ist. Die Annahme unkorrelierter und standard-normalverteilter struktureller Schocks ω_t impliziert bereits $(n(n+1))/2$ Restriktionen. Weitere $(n-r)r$ Restriktionen bringt die Einteilung in r transitorische und $n-r$ permanente Schocks $\omega_t = (\omega_t^T, \omega_t^P)$ mit sich. Die übrigen Restriktionen ergeben sich durch die Notwendigkeit der jeweils orthogonalen Anordnung der transitorischen bzw. permanenten Schocks, so dass durch entsprechende Nullrestriktionen kausale Beziehungsketten festgelegt werden. Diese Nullrestriktionen werden in den Matrizen $\overline{\mathbf{C}}$ (langfristige bzw. permanente Einflüsse) und $\overline{\mathbf{C}}_0^*$ (kontemporäre Einflüsse) gesetzt. Analog zur Spaltung der strukturellen Schocks in ω_t^T und ω_t^P können die Matrizen $\overline{\mathbf{C}} = (\overline{\mathbf{C}}_T, \overline{\mathbf{C}}_P)$ und $\overline{\mathbf{C}}_0^* = (\overline{\mathbf{C}}_{0T}^*, \overline{\mathbf{C}}_{0P}^*)$ aufgeteilt werden. Da die $n \times r$-dimensionale Matrix $\overline{\mathbf{C}}_T$ die transitorischen Schocks abbildet und somit keine langfristigen Effekte enthält, ist $\overline{\mathbf{C}}_T$ gleich Null. Die notwendigen Null-

---

[297] Der Unterschied zwischen $\mathbf{A}_0$ und $\mathbf{D}$ liegt darin, dass die Elemente auf der Hauptdiagonalen von $\mathbf{D}$ nicht zwingend gleich Eins sein müssen. Vgl. Juselius, 2006, S. 277.

restriktionen für die orthogonale Zerlegung der vorübergehenden Schocks werden demnach in $\overline{C}^*_{0T}$ eingeführt.[298]

3.3.13 Prognose kointegrierter Prozesse

Nach der ausgiebigen Untersuchung kointegrierter Variablen soll abschließend noch kurz die Möglichkeit der Prognose solcher Größen betrachtet werden. Die Erstellung von Prognosen kointegrierter Prozesse erfolgt analog zum „klassischen" VAR-Modell, da jedes VEC-Modell in ein VAR-Modell in Niveaugrößen überführt werden kann.[299] Auch wenn grundsätzlich die Prognose mittels des VEC-Modells möglich ist, soll in dieser Arbeit lediglich die Variante über das VAR-Modell behandelt werden. Weiterhin ist die Prognose eines Vektors von Prozessen vollkommen analog zum univariaten Fall.[300] Demnach liefert der bedingte Erwartungswert E_T (bedingt auf die gegebenen Informationen zum Zeitpunkt T) eine Prognose mit minimalem mittleren quadratischen Fehler.[301]

Für ein einfaches VAR(p)-Modell mit Konstante ergibt sich die geschätzte „optimale" τ-Schritt-Prognose als

$$\hat{y}_{T+\tau} = E_T(y_{T+\tau}) = \mu + \hat{\theta}_1 \hat{y}_{T+\tau-1} + \ldots + \hat{\theta}_p \hat{y}_{T+\tau-p},\qquad(3.3\text{-}41)$$

mit

$$\hat{y}_{T+j} = y_{T+j} \qquad \text{für } j \le 0.[302]$$

Die Bestimmung von $\hat{y}_{T+\tau}$ erfolgt hierbei rekursiv, d. h. beginnend mit der Schätzung von y_{T+1} werden diese Informationen genutzt, um $\hat{y}_{T+2}$ zu ermitteln und so weiter.

---

[298] Vgl. Juselius, 2006, S. 279-280 sowie Dennis, 2006, S. 88-89.
[299] Vgl. Kirchgässner/Wolters, 2006, S. 208-209.
[300] Vgl. Lütkepohl/Krätzig, 2004, S. 141.
[301] Vgl. Kirchgässner/Wolters, 2006, S. 117.
[302] Vgl. Lütkepohl/Krätzig, 2004, S. 143.

Alternativ kann der prognostizierte Wert unter Berücksichtigung bedingter Erwartungen für ein VAR(1)-Modell auch wie folgt dargestellt werden:[303]

$$\hat{y}_{T+\tau} = E_T(y_{T+\tau}) = \left(I + \theta_1 + \theta_1^2 + \ldots + \theta_1^{\tau-1}\right)\mu + \theta_1^{\tau} y_T \qquad (3.3\text{-}42)$$

Der τ-Schritt-Prognosefehler ergibt sich grundsätzlich aus der Abweichung des tatsächlichen Wertes von seinem bedingten Erwartungswert $y_{T+\tau} - E_T(y_{T+\tau})$, also den kumulierten Residuen.[304]

Um mehrere konkurrierende Prognosemodelle zu beurteilen bzw. zu vergleichen, kann das Fehlermaß „root mean square error" (RMSE)[305] herangezogen werden. Hierbei werden die Abweichungen zwischen den tatsächlichen und den prognostizierten Werten berücksichtigt. Das Modell mit dem niedrigsten RMSE ist zu bevorzugen.

Der RMSE „findet" zwar unter den vorliegenden Modellen das mit der besten Prognosegüte; er lässt jedoch keine Aussage darüber zu, ob das „beste" Modell im konkreten Fall auch tatsächlich gut bzw. brauchbar ist. Um dies zu beurteilen, kann das von Theil vorgeschlagene Ungleichheitsmaß (Theil's U)[306] berechnet werden. Dieses Kriterium setzt die Abweichungen jeweils zwischen den tatsächlichen und prognostizierten Werten der geschätzten Prognose mit denen einer naiven Prognose ins Verhältnis, so dass bei Werten kleiner als Eins die Schätzung „besser abschneidet" als die reine Fortschreibung der Zeitreihe; allerdings wird für „brauchbare" Prognosen im Allgemeinen ein Wert kleiner als 0,5 gefordert.

3.3.14 Kointegrationsanalyse im Überblick

Dieser Abschnitt soll dazu dienen, die hier dargestellten einzelnen Stufen bzw. Schritte der Kointegrationsanalyse zu veranschaulichen. Auf der ersten Stufe werden grundsätzlich die Integrationseigenschaften der Variablen untersucht. Anschließend folgt die eigentliche Kointegrationsanalyse mit ihren zahlreichen

[303] Vgl. Hendry/Juselius, 2001, S. 115.
[304] Vgl. Enders, 2004, S. 279.
[305] Für die formale Darstellung des RMSE siehe z. B. Kirchgässner/Wolters, 2006, S. 78.
[306] Für die formale Darstellung von Theil's U siehe z. B. Kirchgässner/Wolters, 2006, S. 78.

Einzelschritten. Abschließend kann auf Basis des kointegrierten Modells eine Prognose erstellt werden. Die folgende schematische Darstellung (Abb. 3-5) stellt den Ablauf der Kointegrationsanalyse kompakt dar:

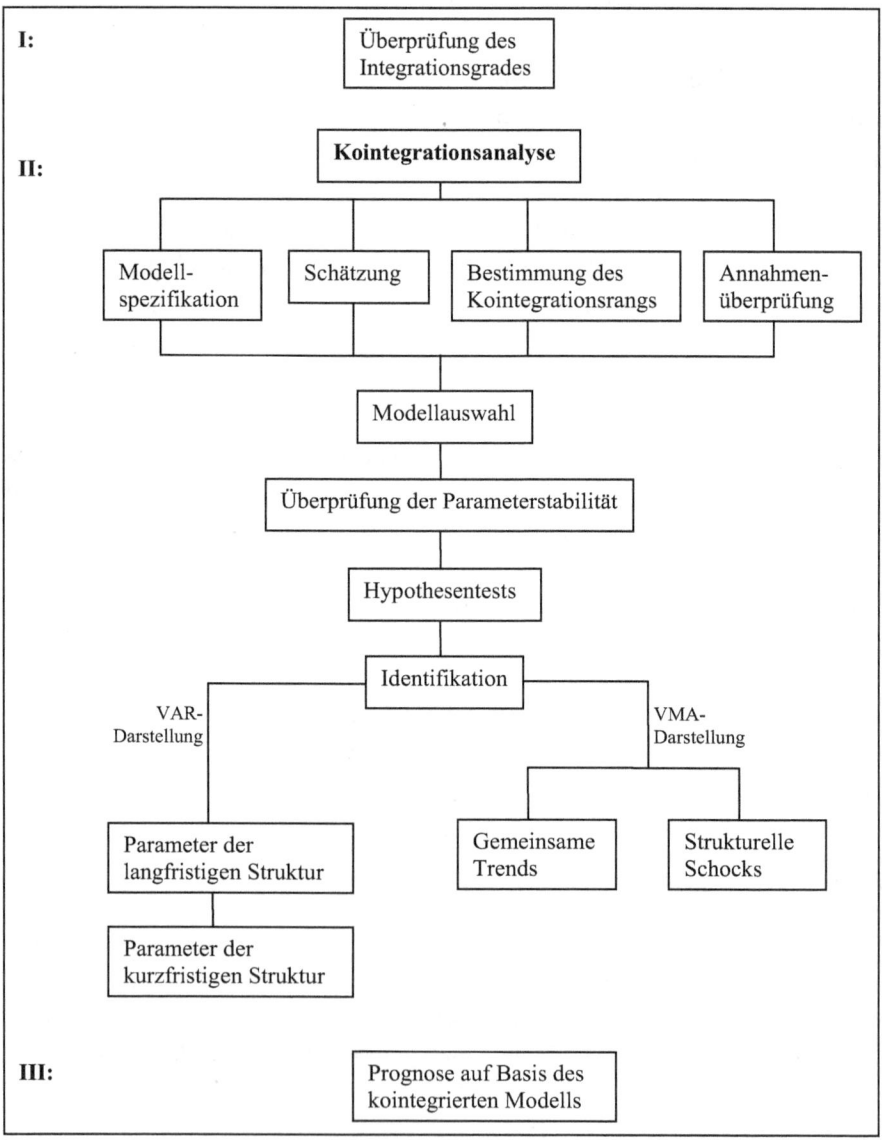

Abbildung 3-5:   Ablauf der Kointegrationsanalyse
                 Quelle: Eigene Darstellung

4 EMPIRISCHE UNTERSUCHUNG FÜR DEUTSCHLAND

4.1 Datenbasis

Die in der vorliegenden Arbeit dargestellte ökonometrische Analyse betrachtet einen Zeitraum von 47 Jahren (1960-2006). Diese zeitliche Begrenzung resultiert in erster Linie aus der (mangelnden) Verfügbarkeit bzw. Aktualität der Daten zu den interessierenden Variablen. Für die Jahre 1960 bis einschließlich 1990 werden Daten für das frühere Bundesgebiet und ab 1991 für die gesamte Bundesrepublik Deutschland herangezogen. Es ist somit offensichtlich, dass die Variablen einen Strukturbruch im Zuge der deutschen Wiedervereinigung aufweisen; über die Stärke der Ausprägung kann zunächst jedoch keine Aussage getroffen werden. Es wird ausschließlich mit realen Größen gearbeitet, wobei die Preisbereinigung jeweils zum Basisjahr 2000 erfolgt. Die Daten sind größtenteils der amtlichen Statistik des Statistischen Bundesamtes sowie der OECD entnommen.[307] Weist eine konkrete Zeitreihe lediglich vereinzelt (maximal zwei) fehlende Werte auf und fällt somit nicht wegen mangelnder Datenverfügbarkeit aus der Betrachtung heraus, wird entsprechend inter- bzw. extrapoliert. Ungenügende Datenbestände grenzen die Variablenauswahl ein. Somit können für bestimmte Einflussbereiche lediglich Indikatorvariablen verwendet werden, die jedoch aus Sicht der Autorin eine plausible Möglichkeit der Quantifizierung darstellen.

Dennoch kann für die empirische Untersuchung insgesamt eine Vielzahl an Faktoren (37 Variablen) herangezogen werden. Der Grund für die hohe Anzahl berücksichtigter Determinanten für die Gesundheitsausgaben in Deutschland liegt u. a. darin, dass für die Kointegrationsanalyse die Bedingungen bezüglich der Integrationseigenschaften erfüllt sein müssen. Somit wurde einerseits wegen des Ziels, ein breites Einflussgebiet abzudecken, und andererseits, um ein frühzeitiges Abbrechen der Kointegrationsanalyse zu vermeiden, eine umfassende Datenbasis gewählt.

Beginnend mit den Gesundheitsausgaben, der zentralen Größe dieser Arbeit, wird im Folgenden, analog zu den in Kapitel 2.3 erläuterten ökonomischen Zusammenhängen, die Auswahl möglicher Einflussfaktoren getroffen. Wie

---

[307] Für eine detaillierte Darstellung der Datenquellen siehe Anhang 3, S. 169.

bereits dargestellt, ist die Zeitreihe der Gesundheitsausgaben neben den Aus-wirkungen der Wiedervereinigung durch einen zweiten Strukturbruch im Jahre 1999 infolge methodischer Umstellungen gekennzeichnet. Um den Bruch möglichst klein zu halten, werden bis einschließlich 1998 die Gesundheitsaus-gaben abzüglich der Einkommensleistungen genutzt. Ab dem Jahre 1999 gehen dann die Angaben der neuen Gesundheitsausgabenrechnung, die ebenfalls die Einkommensleistungen nicht mit einbezieht, in die Analyse ein. Darüber hinaus stellt die Gesundheitsberichterstattung des Bundes lediglich ab 1970 Daten zur Verfügung, so dass zusätzlich die Angaben der OECD Berücksichtigung finden.[308]

Anschließend stellt sich die Frage der Preisbereinigung. Ein exakter Preisindex für die Deflationierung der Gesundheitsausgaben kann de facto nicht existieren, da die „produzierte Menge an Gesundheit" nicht messbar ist. Demnach setzen Versuche, die Preisentwicklung zu erfassen, an den produzierten medizinischen Leistungen und Gütern an. Doch auch vor diesem Hintergrund gibt es keinen spezifischen Index für die Deflationierung der gesamten Gesundheitsausgaben. Es gibt lediglich Ansätze der Preisbereinigung, die einzelne Teilaspekte der Gesundheitsausgaben aufgreifen, aber bei weitem nicht ausreichend sind. So werden beispielsweise Deflatoren für Dienstleistungen in Krankenhäusern,[309] Medikamente und die Gesundheitspflege im Rahmen der Verbraucherpreis-statistik ermittelt. Da sich diese Teilindizes lediglich auf einen geringen Anteil der gesamten Ausgaben beziehen, sind sie für die Preisbereinigung der gesamten Ausgaben nicht geeignet. Die Preisentwicklung der Gesundheitsausgaben geht aus vielen relevanten Komponenten (z. B. Pharmaunternehmen, Handel, Apo-theken, Einkommensentwicklungen) hervor, so dass aus Sicht der Autorin ein möglichst breit gefächerter Index herangezogen werden sollte, um zumindest näherungsweise die komplexe Größe „Preisentwicklung der Gesundheitsaus-gaben" abzubilden. Unter Berücksichtigung und Abwägung mehrerer Indizes wird in der vorliegenden Arbeit der BIP-Deflator, als Index für das allgemeine gesamtwirtschaftliche Preisniveau, zur Preisbereinigung der Gesundheitsaus-gaben verwendet. Sicherlich ist dieses Vorgehen hinterfragbar, bessere Alter-nativen stehen jedoch aus Sicht der Autorin nicht zur Verfügung.

---

[308] Für nähere Informationen zur Datenquelle siehe OECD, 1985, S. 22.
[309] Siehe hierzu Statistisches Bundesamt, 2008f, S. 845-851.

Neben den gesamten Gesundheitsausgaben werden auch die öffentlichen Gesundheitsausgaben[310] als Anteil an den gesamten Gesundheitsausgaben (in %) in Erwägung gezogen. Verschiebungen des Ausgabenanteils können ein Indiz für gesetzliche Änderungen sein, so dass hierdurch gewissermaßen gesundheitspolitische Aspekte erfasst werden können.

Der medizinisch-technische Fortschritt nimmt durch neue Diagnose- und Therapiemöglichkeiten Einfluss auf die Entwicklung der Gesundheitsausgaben. Um diese Wirkung annähernd zu erfassen, liegt es nahe, die Forschungs- und Entwicklungsausgaben im medizinischen bzw. Gesundheitsbereich zugrunde zu legen. Da jedoch die Angaben vom Bundesministerium für Bildung und Forschung für den Bereich Gesundheit und Medizin erst im Jahr 1974 beginnen, kann diese Größe nicht berücksichtigt werden. Ebenso kann keine durchgängige Zeitreihe für die Patentanmeldungen auf dem Gesundheitsgebiet erstellt werden.[311] Um gleichwohl den bedeutenden Einflussfaktor „Medizinisch-technischer Fortschritt" zumindest approximativ abzubilden, sollen in dieser Arbeit die gesamten Forschungs- und Entwicklungsausgaben eingehen. Der Grund für die Auswahl dieser Proxy-Variablen liegt in dem starken statistischen Zusammenhang der zwei Größen; für die Zeitspanne 1974 bis 2006 nimmt der Korrelationskoeffizient der Variablen Forschungs- und Entwicklungsausgaben für den Förderbereich Gesundheit / Medizin sowie den gesamten Ausgaben für Forschung und Entwicklung einen Wert von 0,989 an. Die Forschungs- und Entwicklungsausgaben (in Mio. Euro) werden mit dem BIP-Deflator preisbereinigt. Ferner kann die durchschnittliche Lebenserwartung bei Geburt in Jahren, wenn auch nur eingeschränkt, als Indikator für den medizinisch-technischen Fortschritt dienen.[312]

Faktoren, die den Gesundheitszustand bzw. die Mortalität der Gesellschaft darstellen, sind in der vorliegenden Arbeit die durchschnittliche Lebenserwartung bei Geburt (es wird hierbei nicht hinsichtlich des Geschlechts unter-

---

[310] Die von der OECD vorgenommene Abgrenzung zwischen öffentlichen und privaten Gesundheitsausgaben orientiert sich an der Gliederung nach Ausgabenträgern, d. h. Ausgaben, die entweder von öffentlichen Haushalten oder den Sozialversicherungen getragen werden, gelten als öffentliche Gesundheitsausgaben.

[311] Es wurden die Angaben des Deutschen Patent- und Markenamtes betrachtet. Durch methodische Umstellungen ist das Bilden einer durchgängigen Zeitreihe nicht möglich.

[312] Siehe hierzu auch Kapitel 2.3.

schieden), die Säuglingssterblichkeit und die Anzahl potenziell verlorener Lebensjahre (alle Ursachen), wie sie in Kapitel 2.3 definiert wurden.

Demografische Kennziffern, die beispielweise die Altersstruktur in Deutschland abbilden, sind ebenfalls in der empirischen Analyse einbezogen. Durch die Betrachtung des langen Zeitraums von 47 Jahren ist die Festlegung bzw. die Entscheidung der „perfekten" Definition des Altenquotienten nicht möglich, da sich im Zeitverlauf sowohl das erwerbsfähige als auch das Renteneintrittsalter verschoben hat. Der Altenquotient wird somit nach vier alternativen Abgrenzungsmöglichkeiten betrachtet;[313] auch um möglichst viel Spielraum in Anbetracht der Ergebnisse der Einheitswurzeltests zu erlangen. Für den Gesamtquotient werden die „Altersgrenzen" 15 und 65 herangezogen. Allgemeine Indikatoren zur Erfassung demografischer Aspekte sind die Bevölkerungsgröße (absolut, gemessen in der Einwohnerzahl), die Anzahl verstorbener Personen insgesamt sowie als Sterberate (Gestorbene je 1.000 Einwohner), der Geburten- bzw. Sterbeüberschuss und die zusammengefasste Geburtenziffer in Kinder pro Frau im Alter von 15 bis 49 Jahren.[314]

Weiterhin soll das Erwerbsverhalten der Bevölkerung abgebildet werden, da dieses die Einkommensverhältnisse der Gesellschaft mitbestimmt. Daher werden Daten zu den Arbeitslosen, den Arbeitnehmern (in 1.000) sowie der Arbeitslosenquote der abhängigen zivilen Erwerbsbevölkerung (in %) empirisch genutzt. Außerdem geht aus diesem Bereich die Erwerbstätigenquote der Frauen (in %) in die Analyse ein. Der Grund hierfür ist weniger die Erfassung eines weiteren arbeitsmarktspezifischen Kriteriums als vielmehr die Vermutung, dass durch eine erhöhte Teilnahme der Frauen am Erwerbsleben die Nachfrage nach ambulanten und stationären Pflegeleistungen steigt (vgl. Kapitel 2.3).[315]

Zusätzliche Größen zur Beschreibung der Einkommens- bzw. der gesamtwirtschaftlichen Situation sind das reale BIP in Mrd. Euro sowie das reale BIP

---

[313] Es wurde als Beginn des erwerbsfähigen Alters zwischen 15 und 20 Jahren bzw. des Rentenalters zwischen 60 und 65 Jahren variiert.

[314] Die demografischen Kennzahlen kommen direkt vom Statistischen Bundesamt bzw. wurden auf dessen Basis eigenhändig berechnet.

[315] Die Daten werden vom Statistischen Bundesamt bzw. der Bundesagentur für Arbeit zur Verfügung gestellt.

pro Kopf in Euro.[316] Die sozialen Verhältnisse in Deutschland werden anhand der Sozialleistungen approximativ gemessen. Konkret werden die realen Sozialleistungen insgesamt (in Mrd. Euro) sowie pro Einwohner (in Euro) betrachtet.[317] Ferner findet die Sozialleistungsquote als Summe aller Sozialleistungen im Verhältnis zum BIP (in %) in der quantitativen Analyse Berücksichtigung.[318]

Um personelle und materielle Ressourcen im Gesundheitswesen zu erfassen, werden folgende Größen betrachtet: die gesamte Anzahl praktizierender Ärzte sowie die Arztdichte (Einwohnerzahl als Bezugsgröße), die Gesamtbeschäftigung (ärztliches und nichtärztliches Personal) in Einrichtungen der stationären Versorgung (Krankenhäuser, Vorsorge- und Rehabilitationseinrichtungen) gemessen an dem insgesamt in den Einrichtungen eingesetzten Personals, die Anzahl aufgestellter Betten in Krankenhäusern und Vorsorge- und Rehabilitationseinrichtungen sowie die relative Angabe Personal pro Bett (ebenfalls bezogen auf die stationäre Versorgung).

Die Nachfrage bzw. Inanspruchnahme von Gesundheitsleistungen wird durch die verfügbaren Variablen nur teilweise abgedeckt. Eine dieser berücksichtigten Größen ist die so genannte Patientenfallzahl in Krankenhäusern und Vorsorge- oder Rehabilitationseinrichtungen. Diese Determinante wird anhand der Patientenaufnahmen, der Patientenentlassungen sowie der Sterbefälle ermittelt und als absolute Zahl betrachtet.[319] Die Kennzahl „Durchschnittliche Verweildauer" bezieht sich auf Einrichtungen der stationären Versorgung und ist in Tagen angegeben. Auch für die relativen Faktoren Bettenumschlag (in Patientenzahl pro Bett) und durchschnittliche Bettenauslastung (in %) liegen Angaben für den Bereich der stationären Versorgung vor.

Die Daten zu den Variablen aus dem Bereich der stationären Versorgung (Ressourcen wie Inanspruchnahme) werden vom Statistischen Bundesamt aus-

---

[316] Die Angaben zum BIP stammen vom Statistischen Bundesamt. Zur Preisbereinigung dient der BIP-Deflator.

[317] Die Sozialleistungen werden mit dem Verbraucherpreisindex deflationiert.

[318] Das Bundesministerium für Arbeit und Soziales veröffentlicht die Daten im Rahmen des Sozialbudgets.

[319] Für nähere Informationen zur Definition der Patientenfallzahl siehe Statistisches Bundesamt, Fachserie 12, Reihe 6.1.

gewiesen. Hierbei ist zu beachten, dass Anfang der 1990er Jahre definitorische Umstellungen vorgenommen wurden. Mithin ist der Strukturbruch im Jahre 1991 nicht nur durch die Wiedervereinigung geprägt ist, sondern auch durch Änderungen in der Begriffsabgrenzung.[320]

Umfassende Datenbestände zur Beschreibung persönlicher Lebensstile sind selten. Es stehen beispielsweise keine ausreichenden Datenmengen zur Abbildung des Alkoholkonsums, des Körpergewichts oder der sportlichen Aktivität zur Verfügung. Dagegen publiziert die OECD Zahlen, die das Rauch- und Ernährungsverhalten der Bevölkerung aufzeigen.[321] In der vorliegenden Arbeit können somit der Tabakkonsum in Gramm pro Kopf und Jahr von Personen im Alter ab 15 Jahren betrachtet werden. Die Ernährungsvariablen Kalorienzufuhr in Kilokalorien pro Kopf und Tag, Gesamtfettaufnahme in Gramm pro Kopf und Tag, Zuckerkonsum in Kilogramm pro Kopf und Jahr sowie der jährliche Pro-Kopf-Verzehr an Obst und Gemüse in Kilogramm fließen ebenfalls in die Analyse ein. Nachteilig an den Variablen bezüglich der Ernährungsgewohnheiten ist, dass zum Abschluss der Analyse in dieser Arbeit nur Daten bis zum Jahr 2003 zur Verfügung standen. Die Angaben beziehen sich über den kompletten Zeitraum auf das heute vereinigte Deutschland. Da jedoch relative Größen (pro Kopf) ausgewiesen werden, stellt dies kein Problem dar.

Die Tabelle 4-1 gibt einen kurzgefassten, anschaulichen Überblick bezüglich der verwendeten Variablen. Neben der Auflistung der einzelnen Größen wird auch die zugeordnete Kategorie bzw. der Abbildungsgegenstand genannt. Die Anordnung der Variablen erfolgt sortiert nach Kategorie.

---

[320] Für ausführliche Informationen zur Änderung der Krankenhausstatistik siehe Statistisches Bundesamt, 1990, S. 693-702.

[321] Die Daten werden im Rahmen der OECD Gesundheitsdaten zusammengestellt. Für die Ernährungsgrößen greift die OECD auf Angaben der UNO-Organisation Food and Agriculture Organization of the United Nations (Homepage: http://www.fao.org) zurück.

Variable	Abbildungsgegenstand
Gesundheitsausgaben insgesamt	-
Anteil öffentlicher Gesundheitsausgaben	Politische Kennzahl
Säuglingssterblichkeit	Gesundheitszustand
Potenziell verlorene Lebensjahre	Gesundheitszustand
Lebenserwartung bei Geburt	Gesundheitszustand bzw. Medizinisch-technischer Fortschritt
Forschungs- und Entwicklungsausgaben	Medizinisch-technischer Fortschritt bzw. Wirtschaftliche Kennzahl
BIP insgesamt	Wirtschaftliche Kennzahl
BIP pro Kopf	Wirtschaftliche Kennzahl
Bevölkerung insgesamt	Demografische Kennzahl
Altenquotient	Demografische Kennzahl
Gesamtquotient	Demografische Kennzahl
Gestorbene	Demografische Kennzahl
Sterberate	Demografische Kennzahl
Geburten- bzw. Sterbeüberschuss	Demografische Kennzahl
Zusammengefasste Geburtenziffer	Demografische Kennzahl
Arbeitslose	Erwerbsbevölkerung
Arbeitslosenquote	Erwerbsbevölkerung
Arbeitnehmer	Erwerbsbevölkerung
Erwerbstätigenquote der Frauen	Erwerbsbevölkerung
Sozialleistungen insgesamt	Soziale Kennzahl
Sozialleistungen pro Einwohner	Soziale Kennzahl
Sozialleistungsquote	Soziale Kennzahl
Praktizierende Ärzte insgesamt	Ressourcen
Einwohner je Arzt	Ressourcen
Arzt je 100.000 Einwohner	Ressourcen
Personal insgesamt - stationäre Versorgung	Ressourcen
Personal pro Bett - stationäre Versorgung	Ressourcen
Aufgestellte Betten - stationäre Versorgung	Ressourcen
Patientenfallzahl - stationäre Versorgung	Inanspruchnahme
Verweildauer - stationäre Versorgung	Inanspruchnahme
Bettenauslastung - stationäre Versorgung	Inanspruchnahme
Bettenumschlag - stationäre Versorgung	Inanspruchnahme
Tabakkonsum	Lebensstil
Kalorienzufuhr	Lebensstil
Gesamtfettaufnahme	Lebensstil
Zuckerverbrauch	Lebensstil
Obst- und Gemüseverzehr	Lebensstil

Tabelle 4-1:   Verwendete Variablen im Überblick

4.2 Tests auf Integration

4.2.1 Vorbemerkungen

Die Berechnungen für die Testverfahren zur Überprüfung auf Einheitswurzeln bzw. des Integrationsgrades werden in der vorliegenden Arbeit im Softwareprogramm RATS, Version 7.1, programmiert und ausgeführt.

Nachstehend werden die Kriterien festgelegt, die bei der Durchführung und Beurteilung der Testverfahren herangezogen werden. Eine Übersicht zu den relevanten kritischen Werten der einzelnen Tests findet sich im Anhang dieser Arbeit.[322]

Im Rahmen des *KPSS-Tests* wird für die Korrektur einer möglichen Autokorrelation eine Laglänge von 6 gewählt. Dies ergibt sich sowohl für 47 als auch für 44 Beobachtungspunkte. Es sei darauf hingewiesen, dass der Test mit der Trendstationarität als Nullhypothese lediglich für die Ausgangsreihen, also für die Niveauvariablen, durchgeführt wird. Begründet liegt dieses Vorgehen in der Argumentation, dass das Bilden von ersten Differenzen im Falle trendstationärer Prozesse nicht geeignet ist.

Beim *ADF-Test* liefern das Informationskriterium BIC, der general-to-specific-Ansatz sowie der LM-Test auf serielle Autokorrelation jeweils zum Signifikanzniveau von 5% erste Anhaltspunkte für die adäquate Lagordnung K. Nach der Schätzung des jeweiligen Modells wird anhand der Ljung-Box-Statistik Q* die Annahme nicht autokorrelierter Residuen mit einer Irrtumswahrscheinlichkeit von 1% erneut überprüft. Die Festlegung des geeigneten Modells (A, B bzw. C) erfolgt durch den F-Test im Rahmen der DF-Testprozedur sowie die Betrachtung der grafischen Darstellung der Zeitreihen. Modell A kommt grundsätzlich nur dann in Frage, wenn der Mittelwert der Zeitreihe mindestens bei einer Irrtumswahrscheinlichkeit von 1% signifikant gleich Null ist.

Die Laglänge K zur Korrektur einer Autokorrelation in den Residuen wird im *PP-Test* auf 2 festgelegt. Dieser Wert ergibt sich für sämtliche betrachteten

---

[322] Siehe hierzu Anhang 4, S. 170-171.

Stichprobenumfänge. Für die konkrete Modellwahl werden in Analogie zum ADF-Test die entsprechenden F-Tests durchgeführt sowie der Mittelwert der Zeitreihe überprüft.

Beim *SP-Test* beträgt die „optimale" Laglänge, analog zum KPSS-Test, $K = 6$. Für ausgewählte Zeitreihen – begründet durch die grafische Darstellung – wird der Test auch für Trendkomponenten höherer Ordnung durchgeführt.

Für die Anwendung des *ERS-Tests* wird vorab die GLS-Trendbereinigung der Zeitreihe durchgeführt. Ob die Datenreihe lediglich um den Mittelwert oder auch um einen Trend bereinigt werden muss, wird durch einen Mittelwerttest (p-value: 1%) entschieden. Hierzu wird die Reihe zunächst nach beiden Verfahren bereinigt, um einen Vergleich zu ermöglichen. Eine Vorauswahl der Laglänge in der Testgleichung erfolgt anhand des LM-Tests auf Autokorrelation (Signifikanzniveau: 5%). Nach der Schätzung der Testgleichung werden die Residuen mit der Ljung-Box-Statistik $Q*$ auf Nicht-Autokorrelation getestet ($\alpha = 0,01$).

Der *FH-Test* ist insbesondere für die ersten Differenzen der Variablen relevant. Zur Identifikation der Ausreißer wird lediglich die grafische Abbildung herangezogen. Die Begründung hierfür ist, dass extreme Ausreißer deutlich erkennbar sind und von schwachen Ausreißern keine erheblichen Auswirkungen auf die Testentscheidung erwartet werden. Hinzu kommt die Kenntnis, dass zumindest bei einem Strukturbruch mit Niveausprung in den ersten Differenzen die Ausreißer im Jahr des „Übergangs" (also z. B. im Jahr 1991 als Folge der Wiedervereinigung) auftreten. Ist ein Ausreißer in der Originalreihe zu beobachten, ist die erste Differenz dieser Datenreihe durch zwei zeitlich aufeinander folgende Ausreißer gekennzeichnet. Nach der Schätzung der Testgleichungen werden auch hier die Residuen anhand der $Q*$-Statistik auf Autokorrelation überprüft (p-value: 1%).

Im Rahmen des *P-Tests* wird als Bruchzeitpunkt die deutsche Wiedervereinigung gewählt. Der Test wird für sämtliche Zeitreihen durchgeführt, unabhängig davon, ob grafisch ein Strukturbruch ersichtlich ist oder nicht.[323] Tritt allgemein im betrachteten Zeitraum kein besonderes oder eindeutiges Ereignis – wie die Wiedervereinigung – auf, ist die exogene Festlegung eines Strukturbruches kritisch anzusehen. Deshalb wird bei der Anwendung des P-Tests auf die erste Differenz der Reihen verzichtet; die Bestimmung eines Bruches wäre subjektiv, wenn nicht sogar willkürlich. Analog zu den anderen Testverfahren wird auch hier die Lagordnung K so bestimmt, dass die Ljung-Box-Statistik die Nullhypothese nicht autokorrelierter Störterme bei einem Signifikanzniveau von 1% nicht verwerfen kann. Für die konkrete Modellwahl wird der grafische Verlauf der Zeitreihen berücksichtigt.

In der vorliegenden Arbeit werden nur solche endogen bestimmten Strukturbrüche anerkannt, die tatsächlich strukturelle Änderungen, wie beispielsweise die Wiedervereinigung in Deutschland oder definitorische bzw. methodische Neuerungen, nach sich ziehen. Die Überlegung, den Strukturbruch ausschließlich aus den Daten zu bestimmen, ohne dabei Rahmenbedingungen zu berücksichtigen, ist aus der Sicht der Autorin nicht zweckmäßig, da somit zum einen die Anzahl der Brüche unbegrenzt wäre und zum anderen die Testergebnisse hinsichtlich der Schlussfolgerung aufgrund nicht berechtigt zugelassener Brüche verzerrt sein können. Gewisse und ständige Änderungen – insbesondere über einen langen Zeitraum betrachtet – sind Realität und somit letztlich jeder Reihe inhärent. Durch eine willkürliche Zulassung von Strukturbrüchen könnten Testergebnisse beliebig manipuliert werden. Gerade die Zeitreihe der Gesundheitsausgaben ist durch zahlreiche Reformen und Gesetzesänderungen beeinflusst. Diese „Schocks" müssen jedoch nicht notwendigerweise gleichzeitig mit einem Strukturbruch einhergehen. Die Diskriminierung zwischen Reformen, die als strukturelle Änderung interpretiert werden können, und solche, die lediglich einen „Schock"-Charakter haben, ist äußert schwierig, wenn nicht sogar willkürlich. Interessant an der endogenen Bestimmung des Strukturbruches ist dennoch die Kontrolle, ob ein vermuteter oder exogen festgelegter Bruch sich auch entsprechend in den Daten widerspiegelt.

Trotz der kritischen Anmerkungen bezüglich der endogenen Festlegung eines Strukturbruches sind die Testverfahren, die solch einer Vorgehensweise folgen,

---

[323] Auch für die Ernährungsvariablen wird dieser Test durchgeführt, da durch die Öffnung der Grenze eine Veränderung im Konsumverhalten denkbar ist.

nicht grundsätzlich abzulehnen. Im Idealfall entspricht der endogen bestimmte Bruchzeitpunkt einem exogenen Ereignis. Aber auch die Feststellung, dass sich ein vermutetes exogen gegebenes Ereignis nicht in den Daten widerspiegelt, da dieser Zeitpunkt möglicherweise nicht als Bruch identifiziert wird, ist eine hilfreiche Information.

Für den *ZA-Test* und die zwei Tests von Lee und Strazicich (*LS-Test* und *LS2-Test*) gelten die gleichen Kriterien. Zur Bestimmung der Laglänge kommt der von den Testentwicklern empfohlene general-to-specific-Ansatz zum Einsatz. Hierbei wird die maximale Lagordnung auf 6 festgelegt und als Signifikanzniveau 10% gewählt. Der Anteil an Beobachtungen, die als mögliche Bruchzeitpunkte ausgeschlossen werden, wird auf nur 1% des Stichprobenumfangs gesetzt. Somit sind auch Strukturbrüche am Beobachtungsrand möglich. Die konkrete Modellwahl erfolgt auch bei diesen Tests in Anlehnung an den grafischen Verlauf der Zeitreihen.

4.2.2 Ergebnisse der Einheitswurzeltests

In diesem Abschnitt werden die empirischen Ergebnisse der Stationaritäts- bzw. Einheitswurzeltests vorgestellt. Da nicht zuletzt aufgrund der Variablenvielzahl die Darstellung sämtlicher Ergebnisse zu umfangreich wäre, wird exemplarisch für die Gesundheitsausgaben die generelle Vorgehensweise ausführliche illustriert. Die Testresultate der übrigen Variablen werden anschließend kompakt präsentiert.

4.2.2.1 Gesundheitsausgaben

Grundsätzlich sollte der erste Schritt der Analyse eine grafische Betrachtung der Zeitreihe sein. Abbildung 4-1 zeigt die Entwicklung der realen Gesundheitsausgaben in Deutschland.[324]

---

[324] In Abb. 2-1 ist die Entwicklung der nominalen Gesundheitsausgaben dargestellt.

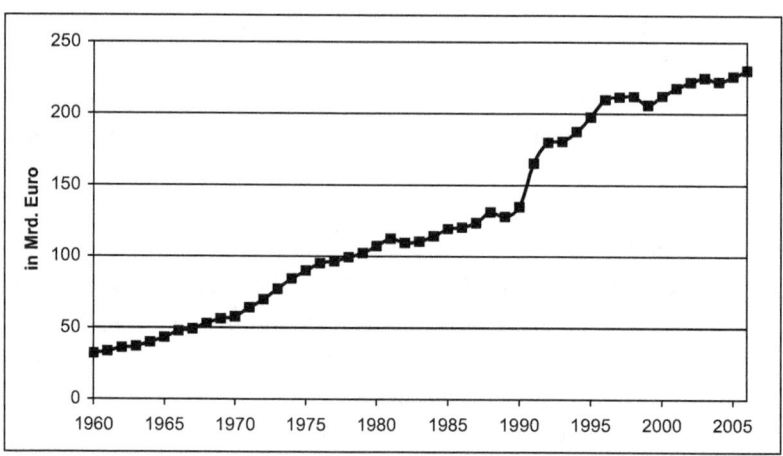

Abbildung 4-1: Entwicklung der realen Gesundheitsausgaben
(1960-1990: Früheres Bundesgebiet, 1991-2006: Gesamtdeutschland,
ab 1999 neue Gesundheitsausgabenrechnung)
Quelle: Statistisches Bundesamt und OECD, eigene Darstellung

Wie zu erwarten, ist die Zeitreihe durch Strukturbrüche in den Jahren 1991 und 1999 charakterisiert. Die Abbildung 4-1 lässt vermuten, dass sich beide Strukturbrüche sowohl auf das Niveau als auch auf das Steigungsmaß auswirken. Unabhängig von den Strukturbrüchen ist auf den ersten Blick anzunehmen, dass die Gesundheitsausgaben im Niveau kein stationäres Verhalten aufzeigen. Weiterhin ist ein steigender Trend zu beobachten, und der Mittelwert der Reihe ist signifikant von Null verschieden.[325]

Abbildung 4-2 zeigt die erste Differenz der realen Gesundheitsausgaben. Diese Reihe ist durch einen extremen Ausreißer in 1991 gekennzeichnet. Der Ausreißer in 1999 infolge definitorischer und methodischer Umstellungen fällt dagegen gering aus. Unter Vernachlässigung dieser Ausreißer verläuft die Zeitreihe annähernd (mittelwert)stationär; der Mittelwert ist signifikant von Null verschieden.

---

[325] Der p-value des klassischen t-Tests nimmt einen Wert von 0,000 an.

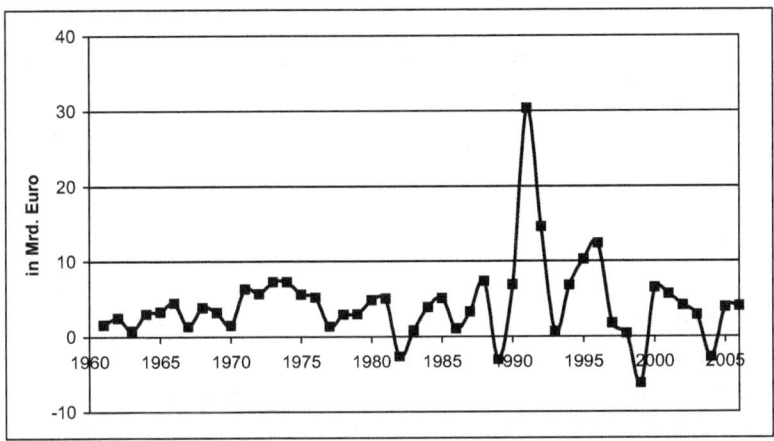

Abbildung 4-2: Erste Differenz der realen Gesundheitsausgaben
(1960-1990: Früheres Bundesgebiet, 1991-2006: Gesamtdeutschland,
ab 1999 neue Gesundheitsausgabenrechnung)
Quelle: Statistisches Bundesamt und OECD, eigene Darstellung

Aufgrund des grafischen Verlaufs wird also zunächst erwartet, dass die realen Gesundheitsausgaben integriert vom Grade Eins sind. Die quantitativen Analyseergebnisse werden nachstehend präsentiert.

Der KPSS-Test[326] auf Stationarität der Gesundheitsausgaben im Niveau weist eine Teststatistik von 0,761 aus; für die erste Differenz nimmt die Prüfgröße den Wert 0,105 an. Demnach wird die Nullhypothese der Stationarität bei der Ausgangsreihe abgelehnt, nach einmaliger Differenzbildung jedoch gestützt. Das Testergebnis deutet darauf hin, dass die Zeitreihe I(1) ist.

Basierend auf dem KPSS-Test auf Trendstationarität kann dagegen mit einem berechneten Wert von 0,119 die Nullhypothese nicht abgelehnt werden. Es sei erwähnt, dass dieser Test bei zahlreichen hier betrachteten Variablen die Annahme der Trendstationärität stützt, obwohl die grafische Darstellung anderes vermuten lässt.

---

[326] Für die formale Darstellung des KPSS-Tests siehe Kapitel 3.2.1.1.

Im Rahmen des ADF-Tests[327] wird eine Laglänge von Eins (Niveau) bzw. Null (erste Differenz) als geeignet angesehen. In Anlehnung an die Φ-Statistik ist für die Ausgangsreihe Modell B zu bevorzugen, der grafische Verlauf spricht allerdings für Modell C. Unabhängig von der konkreten Modellwahl fällt die Testentscheidung identisch aus; die Gesundheitsausgaben sind integriert vom Grade Eins (Teststatistik für die Niveaureihe -0,113 (Modell B) bzw. -2,458 (Modell C) und für die erste Differenz -4,854 (Modell B)).

Analog zum ADF-Test deutet der PP-Test[328] darauf hin, dass die realen Gesundheitsausgaben in ihrer ursprünglichen Form eine Einheitswurzel besitzen und die erste Differenz der Zeitreihe stationär ist. Die Modellauswahl für die Ausgangsreihe anhand des Φ-Tests fällt hier jedoch auf Modell C. Die Prüfgrößen nehmen die Werte -2,152 (Niveau) bzw. -4,771 (erste Differenz, Modell B) an.

Der SP-Test[329] kommt mit Teststatistiken von -1,703 bzw. -4,547 ebenfalls zu dem Ergebnis, dass die Gesundheitsausgaben durch eine einzige Einheitswurzel gekennzeichnet sind, d. h. durch einmalige Differenzbildung kann die Zeitreihe „stationarisiert" werden. Zu berücksichtigen ist hierbei, dass der SP-Test lediglich ein Modell mit Trendkomponente betrachtet und somit die Aussagekraft des Tests bei Vorliegen erster Differenzen eingeschränkt ist.

Der erste Schritt des ERS-Tests[330] ist die Entscheidung der adäquaten Transformation der Zeitreihe mit Hilfe der GLS-Methode. Laut Mittelwerttest ist – übereinstimmend mit der grafischen Abbildung – die Trendbereinigung notwendig. Der t-Test zur Überprüfung, ob der Mittelwert nach der Trendeliminierung gleich Null ist, liefert einen p-value von 0,33. Wird die Reihe lediglich um einen konstanten Wert bereinigt, muss die Nullhypothese „Mittelwert gleich Null" abgelehnt werden. Für die Niveaugröße ergibt sich eine Prüfgröße von -2,210 (Laglänge K = 1); die Nullhypothese einer Einheitswurzel kann demnach nicht abgelehnt werden. Für die erste Differenz wird die Mittelwertbereinigung als zweckmäßig angesehen (p-value für den Mittelwerttest: 0,16). Die Auf-

---

[327] Für die formale Darstellung des ADF-Tests siehe Kapitel 3.2.1.2.
[328] Für die formale Darstellung des PP-Tests siehe Kapitel 3.2.1.3.
[329] Für die formale Darstellung des SP-Tests siehe Kapitel 3.2.1.4.
[330] Für die formale Darstellung des ERS-Tests siehe Kapitel 3.2.1.5.

nahme von Lagvariablen ist nicht notwendig, und die Teststatistik (-4,725) beurteilt die Reihe als stationär. Somit kommt auch der ERS-Test zu dem Schluss, dass die betrachtete Variable integriert vom Grade Eins ist.

Weil die Zeitreihe der realen Gesundheitsausgaben Strukturbrüche enthält, sind die nun vorgestellten Ergebnisse der Testverfahren, die Brüche bzw. Ausreißer in der Reihe berücksichtigen, von höherem Interesse.

Der FH-Test[331] mit Berücksichtigung von additiven Ausreißern kommt zwar nicht für die Originalreihe in Betracht (es sind keine extremen Ausreißer grafisch ersichtlich), ist dafür aber für die erste Differenz besonders relevant. In Anlehnung an den grafischen Verlauf dieser Zeitreihe (siehe Abb. 4-2) werden beim FH-Test die Jahre 1991 und 1999 als Ausreißer definiert. Zusätzliche gelagte Variablen sind nicht erforderlich, um eine Autokorrelation aufzufangen. Die Prüfgröße beträgt -6,656 (Modell mit Konstante); die getestete Zeitreihe (erste Differenz) ist demnach stationär. Voraussetzung für die Durchführung bzw. Interpretationsfähigkeit dieses Tests ist, dass die Gesundheitsausgaben im Niveau nicht (trend)stationär sind, da sonst das Bilden und Testen der Differenz nicht angebracht ist.

Für die Durchführung des P-Tests[332] ist zunächst die exogene Vorgabe eines Strukturbruches erforderlich. Wie festgelegt, wird als Bruchzeitpunkt die deutsche Wiedervereinigung gewählt. In Anbetracht der Vermutung, dass der Bruch sowohl einen Sprung im Niveau als auch eine Änderung des Steigungs-maßes zur Folge hat, erscheinen die Modelle P-AO-C und P-IO-C adäquat. Die optimale Lagordnung beträgt Eins (AO-Modell) bzw. Null (IO-Modell). Mit berechneten Werten der Prüfgröße von -2,590 bzw. -3,282 kann die Null-hypothese einer Einheitswurzel in beiden Fällen nicht abgelehnt werden. Die anderen Modelle dieser Testprozedur liefern das gleiche Ergebnis.

Bei der Anwendung des ZA-Tests[333] fällt der geschätzte Strukturbruch je nach Wahl des Modells zwangsläufig unterschiedlich aus. Die Vorab-Festlegung des adäquaten Modells ist schwierig, denn bei unterschiedlicher Betrachtungsweise

---

[331] Für die formale Darstellung des FH-Tests siehe Kapitel 3.2.3.1.
[332] Für die formale Darstellung des P-Tests siehe Kapitel 3.2.3.2.
[333] Für die formale Darstellung des ZA-Tests siehe Kapitel 3.2.3.3.

erscheinen auch unterschiedliche Modelle geeignet. Wird ein Modell gewählt, das einen Sprung im Niveau zulässt, dann bestätigt der Test den Strukturbruch im Jahr 1991. Der geschätzte Bruch bei Modell ZA-B liegt dagegen im Jahre 1983. Sicherlich könnte man eine Begründung für diesen Bruch finden, wie beispielsweise das In-Kraft-Treten des Kostendämpfungsgesetzes im Jahre 1982, allerdings ist eine solche Herangehensweise – insbesondere in Hinblick auf die Vielzahl an gesundheitspolitischen Reformen und Gesetzesänderungen – gewiss nicht zielführend. Im Modell ZA-A wird die Nullhypothese mit einer berechneten Prüfgröße von -6,155 abgelehnt. Dies bedeutet jedoch lediglich die Ablehnung einer Einheitswurzel ohne Bruch, da der Test unter H_0 keinen Bruch zulässt und somit der Niveausprung ausschlaggebend für die Ablehnung sein könnte. Die anderen beiden Modelle stützen die Nullhypothese mit Teststatistiken von -2,446 (Modell B) und -4,307 (Modell C). Dieses Ergebnis ist vor allem für das relevante Modell C insofern erstaunlich, als dies bedeuten würde, dass die Zeitreihe zwar eine Einheitswurzel besitzt, jedoch keinen Strukturbruch aufweist. Angewendet auf die erste Differenz lehnt der Test die Nullhypothese einer unit root ohne Strukturbruch bei allen drei Modellen, jeweils mit einer optimalen Laglänge von Eins, ab. Bei der Betrachtung der ersten Differenz ist zu berücksichtigen, dass die Modelle jeweils eine Trendkomponente beinhalten.

Der LS-Test[334] führt – zumindest auf dem 5%-Niveau – zu dem Ergebnis, dass die Gesundheitsausgaben I(1) sind. Für die Niveaugröße und Modell LS-A fällt der Bruch auf das Jahr 2001. Die Wahl dieses Bruchzeitpunktes ist nicht nachvollziehbar und erscheint wenig plausibel. Für Modell LS-C wird ein Bruch im Jahr 1989 ermittelt, also nahe dem exogen gegebenen Bruch im Zuge der Wiedervereinigung. Die Prüfgröße im Modell LS-C nimmt einen Wert von -4,392 an (Laglänge $K = 6$), das Vorliegen einer Einheitswurzel wird somit bei einer Irrtumswahrscheinlichkeit von 5% bestätigt. Unabhängig von der Modellwahl kann festgehalten werden, dass die Nullhypothese einer unit root jeweils für die Niveaugröße gestützt (Teststatistik im Modell LS-A: -2,763, $K = 5$) und für die erste Differenz abgelehnt wird (Prüfgrößen: -6,094 (Modell A) und -5,596 (Modell C), $K = 1$).

---

[334] Für die formale Darstellung des LS-Tests siehe Kapitel 3.2.3.4.

Die Anwendung des LS2-Tests[335] liefert wenig plausible Ergebnisse hinsichtlich der ermittelten Bruchzeitpunkte. Im Modell LS2-A werden die Brüche in den Jahren 1999 und 2001 angezeigt und die Nullhypothese gestützt (Teststatistik: -3,094, K = 5). Die kurze Zeitspanne zwischen den zwei Brüchen sowie der Zeitpunkt des zweiten Bruches sind fragwürdig. Im Modell LS2-C kann die Annahme einer Einheitswurzel bei einem Signifikanzniveau von 1% aufrechterhalten bleiben (berechnete Prüfgröße: -5,703, K = 6);[336] die Brüche werden für die Jahre 1979 und 1989 bestimmt. Die Wahl des ersten Bruches ist keineswegs nachvollziehbar, und der Bruchzeitpunkt durch die Wiedervereinigung wird „zu früh" angezeigt. Da der Bruch in 1999 nur mäßig ausfällt, ist es schwierig, die Auswirkungen (Bruch im Niveau oder auch im Anstieg) von vornherein festzulegen und damit ein Modell auszuwählen. Die geschätzten Strukturbruchzeitpunkte erleichtern die Modellwahl nicht. Demnach erfolgt im Rahmen des LS2-Tests keine Festlegung auf ein konkretes Modell. Für die erste Differenz der Zeitreihe wird die Nullhypothese jeweils abgelehnt.

Die Tabelle 4-2 zeigt übersichtlich und kompakt die relevanten Testergebnisse zu den realen Gesundheitsausgaben sowohl für das Niveau als auch die erste Differenz.

Trotz theoretisch vermuteter Verzerrungen, wie z. B., dass die Testverfahren ohne Bruch dazu neigen, eine unit root (fälschlicherweise) anzuzeigen bzw. bei Ausreißern zur Ablehnung einer Einheitswurzel neigen, liefern die Testergebnisse ein relativ einheitliches Bild. Alles in Allem wird geschlussfolgert, dass die realen Gesundheitsausgaben im Niveau nicht (trend)stationär sind, die erste Differenz der Zeitreihe dagegen stationäres Verhalten aufweist. Die Variable ist demnach integriert vom Grade Eins, kurz I(1).

---

[335] Für die formale Darstellung des LS2-Tests siehe Kapitel 3.2.3.5.
[336] Die Schwierigkeit bei dieser Testentscheidung liegt in der Wahl des kritischen Wertes. Da die kritischen Werte nur für ausgewählte Relationen von TB/T zur Verfügung stehen, konnten keine exakten kritischen Werte herangezogen werden. Je nach Wahl kann sogar bei einer Irrtumswahrscheinlichkeit von 5% die Nullhypothese einer Einheitswurzel nicht abgelehnt werden.

Test	Modell	optimale Laglänge	Ausreißer bzw. Strukturbrüche	Test-statistik	Testentscheidung bei α = 0,05
Niveau					
KPSS	Stationarität	6	-	0,761	unit root
	Trendstationarität	6	-	0,119	trendstationär
ADF	DF-B	1	-	-0,113	unit root
	DF-C	1	-	-2,458	unit root
PP	PP-C	2	-	-2,152	unit root
SP	linearer Trend	6	-	-1,703	unit root
ERS	ERS-T	1	-	-2,210	unit root
P	P-AO-C	1	1991	-2,590	unit root
	P-IO-C	0	1991	-3,282	unit root
ZA	ZA-C	3	1991	-4,307	unit root
LS	LS-C	6	1989	-4,392	unit root
LS2	LS2-A	5	1999, 2001	-3,094	unit root
	LS2-C	6	1979, 1989	-5,703	trendstationär
Erste Differenz					
KPSS	Stationarität	6	-	0,105	stationär
ADF	DF-B	0	-	-4,854	stationär
PP	PP-B	2	-	-4,771	stationär
SP	linearer Trend	6	-	-4,547	stationär
ERS	ERS-K	0	-	-4,725	stationär
FH	FH-B	0	1991, 1999	-6,656	stationär
ZA	keine Festlegung	1	je nach Modell	-	stationär
LS	keine Festlegung	1	je nach Modell	-	stationär
LS2	keine Festlegung	1	je nach Modell	-	stationär

Tabelle 4-2:   Testergebnisse zu den realen Gesundheitsausgaben

4.2.2.2   Determinanten der Gesundheitsausgaben

Die Vorgehensweise zur Bestimmung des Integrationsgrades der Determinanten der Gesundheitsausgaben erfolgt jeweils analog zu der Herangehensweise bei den Gesundheitsausgaben. Es werden nur die Testergebnisse (auf dem 5%-Signifikanzniveau) für solche Variablen präsentiert, bei denen eindeutige Testresultate vorliegen. Der Grund hierfür ist, dass lediglich die Variablen in den nachfolgenden Kointegrationsanalysen einbezogen werden, für die „sichere" Rückschlüsse hinsichtlich der Stationaritätseigenschaften gezogen werden können. Diese Bedingung reduziert die Datengrundlage für die Untersuchung langfristiger Zusammenhänge auf 21 Variablen. Tabelle 4-3 zeigt den empirisch ermittelten Integrationsgrad der Variablen (inklusive Abbildungsgegenstand), die im Rahmen der Kointegrationsanalysen berücksichtigt werden.

Variable	Abbildungsgegenstand	Testergebnis bei α = 0,05
Anteil öffentlicher Gesundheitsausgaben	Politische Kennzahl	I(1)
Potenziell verlorene Lebensjahre	Gesundheitszustand	I(1)
Lebenserwartung bei Geburt	Gesundheitszustand bzw. Medizinisch-technischer Fortschritt	I(1)
BIP insgesamt	Wirtschaftliche Kennzahl	I(1)
BIP pro Kopf	Wirtschaftliche Kennzahl	I(1)
Bevölkerung insgesamt	Demografische Kennzahl	I(1)
Gesamtquotient	Demografische Kennzahl	I(2)
Gestorbene	Demografische Kennzahl	I(1)
Geburten- bzw. Sterbeüberschuss	Demografische Kennzahl	I(1)
Arbeitslose	Erwerbsbevölkerung	I(1)
Erwerbstätigenquote der Frauen	Erwerbsbevölkerung	I(1)
Sozialleistungen insgesamt	Sozialer Schutz	I(1)
Sozialleistungsquote	Sozialer Schutz	I(1)
Praktizierende Ärzte insgesamt	Ressourcen	I(2)
Personal insgesamt - stationäre Versorgung	Ressourcen	I(1)
Personal pro Bett - stationäre Versorgung	Ressourcen	I(1)
Aufgestellte Betten - stationäre Versorgung	Ressourcen	I(1)
Verweildauer - stationäre Versorgung	Inanspruchnahme	I(1)
Bettenauslastung - stationäre Versorgung	Inanspruchnahme	I(1)
Tabakkonsum	Lebensstil	I(1)
Kalorienzufuhr	Lebensstil	I(1)

Tabelle 4-3: Testergebnisse zu den Determinanten der Gesundheitsausgaben

4.3 Analyse kointegrierter Systeme

4.3.1 Vorbemerkungen

Die Berechnungen für die Kointegrationsanalysen in dieser Arbeit erfolgen im Softwareprogramm CATS in RATS, Version 2, in Verbindung mit RATS, Version 7.1.

Die Analysen beziehen sich auf den Zeitraum 1960 bis 2006, wobei die Datengrundlage in Hinblick auf die Variablenauswahl durch die Ergebnisse der Einheitswurzeltests weiter eingeschränkt ist.

Als Startspezifikation wird einheitlich Modell II[337] gewählt, da die betrachteten Variablen i. d. R. trendmäßiges Verhalten aufzeigen und nicht unbedingt von einer Aufhebung des Trends in der Kointegrationsbeziehung ausgegangen

---

[337] Vgl. hierzu Kapitel 3.3.4.

werden kann. Sollte Modell II nicht geeignet sein, wird entsprechend modifiziert.

Jedes Modell enthält zunächst Dummy-Variablen für die Strukturbrüche in den Jahren 1991 und 1999. Hierbei ist sowohl ein Sprung im Niveau als auch eine Änderung im Anstieg erlaubt.[338] Entsprechende Ausreißer, um die Effekte einer Niveauverschiebung in den ursprünglichen Daten auch in der ersten Differenz zu erfassen, sind ebenfalls im Modell enthalten. Die Aufnahme weiterer Dummy-Variablen ist grundsätzlich möglich, um zusätzliche Brüche oder Ausreißer abzubilden. Es zeigt sich, dass die Relevanz von Ausreißern in erster Linie in der Erfüllung der Modellannahmen begründet liegt.

Für die Bestimmung der Laglänge werden zwar Informationskriterien sowie der LR-Test berechnet, die Empfehlungen dieser Kriterien sind jedoch in der vorliegenden Arbeit wenig brauchbar. Die empfohlene Lagordnung ist äußerst hoch und deshalb für die empirische Anwendung kaum brauchbar, so dass die Wahl von p in erster Linie anhand der Modellannahmen beurteilt wird. Auch in Hinblick auf eine sparsame Parametrisierung ist dieses Vorgehen gerechtfertigt.

Die rekursiven Berechnungen in dieser Arbeit werden nach der Methode der vorwärts laufenden rekursiven Schätzung durchgeführt. Die Basisstichprobe für diese Berechnungen wird entsprechend der Empfehlung von CATS gewählt. Mitbestimmend für den Zeitraum bzw. Umfang der Stichprobe ist die Anzahl der Variablen im Modell.

Da CATS im Rahmen des Johansen-Tests lediglich für die Trace-Statistik kritische Werte unter Berücksichtigung der Dummy-Variablen simuliert, wird der max-Test in der empirischen Untersuchung dieser Arbeit nicht herangezogen. Weiterhin nimmt CATS für ausgewählte Tests eine Klein-Stichproben-

---

[338] Wird Modell II gewählt und werden gleichzeitig Strukturbrüche in Niveau und Trend zugelassen, unterscheidet CATS nicht zwischen dem Teil der Niveauverschiebung, der in der Kointegrationsbeziehung „steckt" und dem Teil, der sich durch die Differenzbildung des Bruchs im Anstieg ergibt. Die Kointegrationsbeziehung enthält keine Konstante. Eine differenzierte Betrachtung gemäß Gleichung (3.3-18) ist somit in der vorliegenden Arbeit nicht möglich.

Korrektur vor, wobei die modellierten Dummy-Variablen unberücksichtigt bleiben.[339] Die entsprechenden Werte sind durch * gekennzeichnet.

4.3.2 Ergebnisse der Kointegrationsanalysen

Dank der umfangreichen Variablenauswahl können unzählige verschiedene Spezifikationen aufgestellt, geschätzt und getestet werden. Viele dieser Modelle lassen darauf schließen, dass keine langfristigen Gleichgewichtsbeziehungen zwischen den Variablen existieren. Weitere Spezifikationen führen zu widersprüchlichen Ergebnissen, so dass die Festlegung des Kointegrationsrangs mit hoher Unsicherheit verbunden ist. Die Kointegrationsanalyse bietet aufgrund ihrer vielen Einzelschritte großes Potenzial „zu scheitern". Ein Modell muss auf sämtlichen Stufen der Analyse aus statistisch-ökonometrischer Sicht vertretbar sein. Darüber hinaus wird die (ökonomische) Plausibilität der Ergebnisse gefordert. Die hohen Ansprüche an die Analyse schränken die Auswahl tragbarer Modellspezifikationen erheblich ein. Diese Problematik ist beispielsweise verglichen zur klassischen Regressionsanalyse komplexer, da die Kointegrationsanalyse viele Schritte mehr umfasst.[340]

Im Rahmen der Kointegrationsanalyse werden die in Kapitel 2 herausgearbeiteten Variablen als Determinanten der Gesundheitsausgaben in unterschiedlichen Kombinationen betrachtet. Mangels ökonomischer Theorie gibt es keine zuvor festgelegten Variablenkombinationen. In dieser Arbeit werden zwei Modelle betrachtet, die jeweils andere Determinanten der Gesundheitsausgaben in den Fokus stellen. Jedes dieser Modelle liefert für sich genommen gute und plausible Ergebnisse, eine Kombination der Modelle ist jedoch aus statistisch-ökonometrischer Sicht nicht geeignet. Die konkreten Modellbezeichnungen („Gesundheitspolitisches Modell" bzw. „Marktwirtschaftliches Modell") ergaben sich jeweils am Ende der Analyse. Die Autorin wählte die Bezeichnungen unter Berücksichtigung der letztlich relevanten Variablen sowie der Interpretation der Ergebnisse. Die Ergebnisdarstellung der Kointegrationsanalysen erfolgt nach Modellen (Abschnitte 4.3.2.1 und 4.3.2.2), wobei jeweils

---

[339] Für nähere Informationen zur Klein-Stichproben-Korrektur siehe Dennis, 2006, S. 159-162.

[340] Für die schematische Darstellung des Ablaufs einer Kointegrationsanalyse siehe Abb. 3-5, S. 110.

nur das endgültige Modell präsentiert wird. Anschließend werden die wesentlichen Ergebnisse der beiden Analysen zusammengefasst (Abschnitt 4.3.2.3).

4.3.2.1 Modell 1: Das gesundheitspolitische Modell

Das erste Modell (Modell 1) – in dieser Arbeit auch als gesundheitspolitisches Modell bezeichnet – beinhaltet neben den Gesundheitsausgaben (hex) die Variablen Personal pro Bett (perspb), Verweildauer (verweil) und Lebenserwartung (life).[341] Da sowohl das Personal pro Bett (über die Bezugsgröße der Bettenanzahl) als auch die Verweildauer Größen sind, die stark durch gesundheitspolitische Entscheidungen beeinflusst werden, spielen gesundheitspolitische Aktivitäten bei der Interpretation der Ergebnisse eine bedeutende Rolle; daher auch die gewählte Modellbezeichnung „Gesundheitspolitisches Modell".

Im Rahmen der Kointegrationsanalyse kristallisieren sich lediglich die zwei Strukturbrüche in den Jahren 1991 und 1999 als relevant heraus. Ausreißer werden entsprechend dieser beiden Brüche sowie für das Jahr 1990 in die Modellspezifikation aufgenommen. Die Laglänge wird im VAR-Modell auf zwei bzw. im VEC-Modell auf Eins gesetzt.[342]

Der Erklärungsgehalt des gesamten Modells ist mit einer Trace-Korrelation[343] von 0,545 akzeptabel, insbesondere vor dem Hintergrund, dass der Determinationskoeffizient in der Gleichung für die Lebenserwartung (Δ life) nur bei 0,156 liegt. Im Rahmen der univariaten Betrachtung sind die Modellannahmen bei einer Irrtumswahrscheinlichkeit von höchstens 1% gegeben. Tabelle 4-4 zeigt, dass auch für das gesamte System die Annahmen als erfüllt angesehen werden können.

---

[341] Für die grafische Darstellung der Variablen siehe Anhang 5, S. 172 bzw. für die Gesundheitsausgaben Kapitel 4.2.2.1.

[342] Die Informationskriterien und der LR-Test empfehlen zwar eine höhere Lagordnung, aber vor dem Hintergrund einer sparsamen Modellierung sowie der Tatsache, dass die Modellannahmen erfüllt sind, erscheint die Wahl von p = 2 ausreichend.

[343] Vgl. hierzu Kapitel 3.3.7.

Modellannahme	p-value
Autokorrelation:	
LM(1)	0,136
LM(2)	0,550
Normalverteilung	0,155
Heteroskedastie:	
LM(1)	0,194
LM(2)	0,494

Tabelle 4-4:   Annahmenüberprüfung in Modell 1

Zur Bestimmung des Kointegrationsrangs[344] bzw. der Anzahl kointegrierender Beziehungen wird als erstes der Trace-Test von Johansen betrachtet. Der Tabelle 4-5 können die relevanten Werte entnommen werden. Demnach existiert eine einzige Langfristbeziehung bzw. drei gemeinsame stochastische Trends.

n-r	r	Eigenwert	p-value	p-value*
4	0	0,852	0,000	0,000
3	1	0,482	0,091	0,247

Tabelle 4-5:   Johansen-Test in Modell 1

Dieses Ergebnis wird von der rekursiv berechneten Trace-Teststatistik bestätigt, wie aus Abbildung 4-3 hervorgeht. Lediglich eine der Prüfgrößen, nämlich $H(r = 1)$, weist einen (linearen) Trend auf.

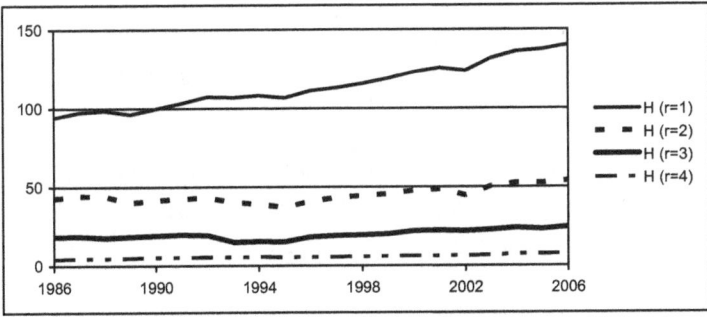

Abbildung 4-3:   Rekursive Trace-Teststatistik in Modell 1

---

[344] Siehe hierzu auch Kapitel 3.3.6.

Für $r = 1$ bzw. $n - r = 3$ nimmt die viertgrößte Wurzel des gesamten Systems einen Wert von 0,456 an und ist somit unbedenklich. Durch das Einbeziehen der Kointegrationsbeziehung wird also keine instationäre Komponente dem Modell zugefügt.

Bisher wurden drei Kriterien zur Bestimmung des Kointegrationsrangs präsentiert, die einheitlich auf $r = 1$ hindeuten. Es sei bereits an dieser Stelle darauf hingewiesen, dass die übrigen Kriterien – wie sich weiter unten zeigen wird – die Wahl einer Langfristbeziehung stützen.

Die Tests auf Parameterstabilität[345] lassen, mit Ausnahme der Prognosefehler, sowohl für das konzentrierte als auch das Ausgangsmodell die Konstanz der Parameter vermuten. Exemplarisch sind für das konzentrierte Modell die rekursiv berechneten Prüfgrößen der Tests auf Konstanz der logarithmierten Likelihood-Funktion bzw. der Kointegrationsmatrix dargestellt (siehe Abb. 4-4).

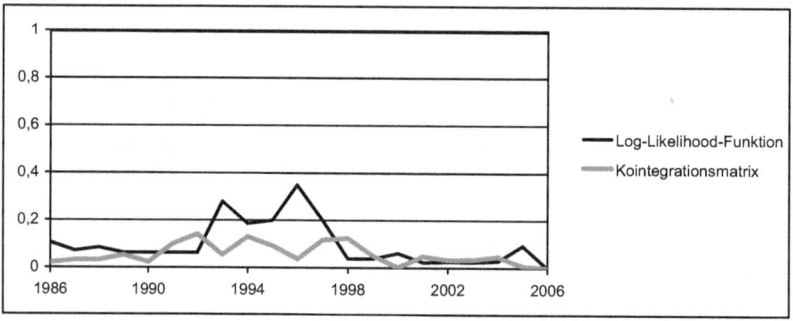

Abbildung 4-4:   Tests auf Parameterstabilität in Modell 1

Die Prüfgrößen, jeweils dividiert durch den kritischen Wert, aus Abbildung 4-4 erreichen nicht einmal ansatzweise die „kritische Linie" von Eins und lassen demnach keine Zweifel an der Stabilität der Parameter.

Der nächste Analyseschritt umfasst die allgemeinen Hypothesentests bezüglich des Kointegrationsvektors bzw. der Ladungsparameter.[346] Konkret wird hinsichtlich des Kointegrationsvektors überprüft, ob Variablen aus der Langfrist-

---

[345] Siehe hierzu auch Kapitel 3.3.8.
[346] Siehe hierzu auch Kapitel 3.3.9.

beziehung eliminiert werden können und ob die Größen trendstationäres Verhalten (unter Berücksichtigung der modellierten Strukturbrüche) besitzen. In Bezug auf die α-Koeffizienten wird die Eigenschaft der schwachen Exogenität sowie das Vorliegen eines Vektors proportional zum Einheitsvektor getestet. Die Ergebnisse (p-value) für $r = 1$ können der Tabelle 4-6 entnommen werden.

Hypothesentest	hex	perspb	verweil	life	TB(91)	TB(99)	Trend
Variablenausschluss	0,000	0,000	0,000	0,000	0,000	0,001	0,000
Trendstationarität	0,000	0,000	0,000	0,000	-	-	-
Schwache Exogenität	0,580	0,046	0,000	0,237	-	-	-
Einheitsvektor	0,000	0,000	0,095	0,000	-	-	-

Tabelle 4-6:   Hypothesentests in Modell 1

Der Hypothesentest auf Eliminierung von Variablen aus der Langfristbeziehung deutet darauf hin, dass sämtliche Größen statistisch relevant sind. Darüber hinaus ist keine der betrachteten Variablen trendstationär, womit die Ergebnisse aus Kapitel 4.2 gestützt werden. Der Test auf langfristige schwache Exogenität lässt stark vermuten, dass die beiden Variablen „Gesundheitsausgaben" und „Lebenserwartung" diese Eigenschaft aufweisen. Bei einer Irrtumswahrscheinlichkeit von 1% ist auch das Personal pro Bett schwach exogen. Da die Hypothesentests jeweils einzeln durchgeführt werden, können aufgrund der Ergebnisse aus Tabelle 4-6 keine Schlüsse hinsichtlich gemeinsamer Restriktionen gezogen werden. Entsprechende Tests werden weiter unten vorgestellt. Die Ergebnisse des vierten Hypothesentests zeigen, dass lediglich die Variable „Verweildauer" – zumindest auf dem 5%-Niveau – einen Vektor proportional zum Einheitsvektor hervorruft. Welche Hypothesen im „Zusammenspiel" gestützt bzw. verworfen werden, ergibt sich aus der Schätzung der Kointegrations- bzw. Ladungsmatrix. Die Schätzung der unrestringierten Kointegrationsbeziehung liefert folgende Ergebnisse (siehe Tab. 4-7), wenn auf die Variable „Personal pro Bett" normiert wird:

	$\hat{\beta}_1$	t-Wert
hex	-0,009	-19,875
perspb	1	-
verweil	-0,128	-18,299
life	0,032	8,356
TB(91)	0,026	12,000
TB(99)	0,010	3,950
Trend	-0,059	-21,142

Tabelle 4-7: Geschätzte Kointegrationsbeziehung in Modell 1

Die Ergebnisse aus Tabelle 4-7 stehen in Einklang mit den Angaben in Tabelle 4-6, nämlich, dass sämtliche Variablen einen signifikanten Einfluss in der langfristigen Gleichgewichtsbeziehung haben. Bedingt durch die gewählte Normierung kann die Langfristbeziehung durch folgende Gleichung abgebildet werden (wobei die TB- und Trend-Terme nicht mit aufgeführt werden):

$$perspb = 0,009 \cdot hex + 0,128 \cdot verweil - 0,032 \cdot life + ecm + \dots \qquad (4.3\text{-}1)$$

Der Term ecm erfasst die Abweichungen vom langfristigen Gleichgewicht, den so genannten Gleichgewichtsfehler. Aus Gleichung (4.3-1) geht hervor, dass das Personal pro Bett und die Gesundheitsausgaben in einer positiven Beziehung zueinander stehen. Steigende Gesundheitsausgaben ziehen traditionell Reformen und / oder Gesetzesänderungen im Gesundheitswesen nach sich. Solche gesundheitspolitischen Maßnahmen sind meist mit dem Ziel der Kostenreduktion verbunden. In der Vergangenheit wurde z. B. konkret der Bettenabbau in der stationären Versorgung angestrebt. Sinkt die Anzahl der Betten, steigt c. p. das Personal pro Bett.

Zwischen den Variablen „Personal pro Bett" und „Verweildauer" herrscht ebenfalls ein positiver Zusammenhang. Begründen lässt sich dieser Sachverhalt wie folgt: Steigt die Aufenthaltsdauer in stationären Einrichtungen, sind c. p. mehr Betten gleichzeitig belegt. Demzufolge ist die Versorgung eines Bettes durchschnittlich mit mehr Arbeitsaufwand verbunden; es wird mehr Personal pro Bett benötigt.

Die Lebenserwartung kann als Proxy-Variable für den medizinisch-technischen Fortschritt gesehen werden. Sicherlich ist die durchschnittliche Lebenserwartung bei Geburt nicht ausschließlich durch den medizinisch-technischen Fortschritt bestimmt, dennoch kann angenommen werden, dass Forschungsaktivitäten in diesem Bereich einen wesentlichen Beitrag zur Lebensdauer eines Menschen liefern. Unabhängig von der medizinischen Forschung kann technischer Fortschritt allgemein die Produktivität steigern. Vereinfachte, standardisierte und / oder automatisierte Arbeitsabläufe führen i. d. R. zu einem effizienteren Personaleinsatz. Ist eine solche Effizienzsteigerung in den stationären Einrichtungen gegeben, wird c. p. weniger Personal pro Bett benötigt. Diesen Ausführungen folgend, gehen mit dem medizinisch-technischen Fortschritt Produktivitätssteigerungen einher, zumindest in personeller Hinsicht.

Da die deterministischen Terme in erster Linie eine korrigierende Funktion übernehmen, werden sie bei der Interpretation der Langfristbeziehung nicht näher betrachtet. Beispielsweise bedeutet die Signifikanz des Trendterms, dass die Gleichgewichtsbeziehung trendstationär ist. Generell wird durch die Addition bzw. Subtraktion eines linearen Trends sichergestellt, dass die kointegrierende Beziehung stationär verläuft. Ähnliches gilt für die Dummy-Variablen.

Wird die Kointegrationsbeziehung nicht auf die Variable „Personal pro Bett" sondern die Gesundheitsausgaben normiert, ergibt sich folgende Gleichung für die Langfristbeziehung (wobei die TB- und Trend-Terme nicht mit aufgeführt werden):

$$hex = 113{,}934 \cdot perspb - 14{,}601 \cdot verweil + 3{,}656 \cdot life + ecm + \ldots \qquad (4.3\text{-}2)$$

Gleichung (4.3-2) zeigt erneut den positiven Zusammenhang zwischen den Gesundheitsausgaben und dem Personal pro Bett. Ergänzend zu obigen Ausführungen kann folgende Argumentation diese Beziehung erklären: Steigt das Personal pro Bett unter der Annahme einer konstanten Bettenanzahl, dann führt der Beschäftigungszuwachs c. p. zu höheren Personalkosten und damit zu einem Anstieg der Gesundheitsausgaben.

Die negative Beziehung zwischen den Gesundheitsausgaben und der Verweildauer scheint auf den ersten Blick unplausibel. Wird jedoch bedacht, dass bei längeren Liegezeiten c. p. mehr Betten gleichzeitig belegt sind, stoßen die Einrichtungen schneller an ihre Kapazitätsgrenze. Demnach können weniger neue Patienten aufgenommen werden, wodurch die Behandlungsfälle absolut sinken. Die Vermutung, dass in Krankenhäusern Ressourcen verschwendet werden, ist nicht neu. Dass die reine Liegezeit wahrscheinlich billiger ist als die eigentliche Operation, Untersuchung, Behandlung, etc., kann in Verbindung mit den angeführten Argumenten erklären, warum die Gesundheitsausgaben bei einer höheren durchschnittlichen Verweildauer sinken. Weiterhin kann angeführt werden, dass durch das Blockieren von Betten u. U. notwendige Behandlungen ausbleiben oder zeitlich verschoben werden müssen, was gravierende gesundheitliche und damit auch finanzielle Folgen nach sich ziehen kann. Folgende Argumentation ist ebenfalls denkbar: Durch den Bettenabbau in den stationären Einrichtungen verlieren diese an Kapazität. Infolgedessen werden Patientenfälle, die auch ambulant behandelt werden können, nicht mehr stationär versorgt. In der Konsequenz nimmt der Anteil „schwerer" Krankheiten mit langen Liegezeiten an den gesamten Behandlungsfällen zu, was letztlich zu einem Anstieg der durchschnittlichen Verweildauer führt. Insgesamt werden aufgrund der absolut gesunkenen Patientenfallzahl Kosten eingespart, obwohl die Patienten im Schnitt länger in den stationären Einrichtungen verweilen. Inwieweit diese Argumentationen die Realität hinreichend erklären, bleibt fraglich, denn es besteht grundsätzlich die Möglichkeit, dass bestimmte Effekte (z. B. eine positive Beziehung zwischen der Verweildauer und den Gesundheitsausgaben) durch andere Effekte überlagert und schließlich überkompensiert werden.

Zwischen den Gesundheitsausgaben und der Lebenserwartung besteht – gemäß Gleichung (4.3-2) – ein positiver Zusammenhang. Dieses Ergebnis belegt jedoch nicht gleichzeitig die Medikalisierungsthese, denn weder die Lebenserwartung noch die Gesundheitsausgaben lassen Rückschlüsse auf den Gesundheitszustand zu. Es gibt zwei gegensätzliche Erklärungen für die positive Beziehung: Entweder die gewonnenen Lebensjahre werden (vermehrt) in Krankheit verbracht,[347] so dass durch den schlechten Gesundheitszustand eine höhere Inanspruchnahme von Gesundheitsleistungen notwendig wird. Die gestiegene Nachfrage resultiert in einem Ausgabenanstieg. Oder aber es werden vermehrt (teure)

---

[347] Diese Argumentation entspricht der Medikalisierungsthese. Siehe hierzu auch Kapitel 2.3.

Maßnahmen in Anspruch genommen, die die Heilung von Krankheiten erlauben bzw. durch präventive Behandlung den Ausbruch von Krankheiten vermeiden, so dass gesunde Lebensjahre gewonnen werden. Durch die vermehrte Inanspruchnahme teurer Gesundheitsleistungen steigen aber auch die Ausgaben für Gesundheit. Letztlich liefern beide Argumentationsketten als Ergebnis die Ausgabensteigerung. Es kann weiterhin argumentiert werden, dass die Lebenserwartung approximativ den medizinisch-technischen Fortschritt abbildet. Die zumeist kostenintensiven technologischen Neuerungen schlagen sich entsprechend in einer Ausgabensteigerung nieder.

Wenn die Variable „Lebenserwartung" tatsächlich als Proxy-Variable für den medizinisch-technischen Fortschritt angesehen werden kann, dann lassen die Ausführungen zu den Gleichungen (4.3-1) und (4.3-2) folgende Schlussfolgerung zu: Der medizinisch-technische Fortschritt erhöht zwar die Wirtschaftlichkeit in personeller Hinsicht, nicht jedoch bezüglich der eingesetzten Technologien, Medikamente, etc.

In Abbildung 4-5 ist die Langfristbeziehung aus Modell 1 dargestellt. Der grafische Verlauf stellt die Stationarität der Kointegrationsbeziehung nicht in Frage; die Wahl von $r = 1$ wird demnach gestützt.

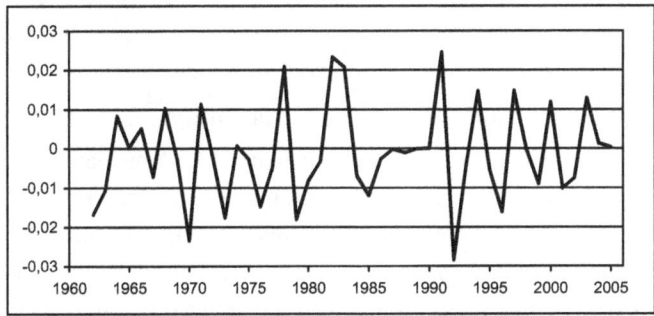

Abbildung 4-5:   Geschätzte Kointegrationsbeziehung in Modell 1

Basierend auf der geschätzten Langfristbeziehung ergeben sich die zunächst unrestringierten Ladungs- bzw. Anpassungsparameter. Übereinstimmend mit den vorherigen Ergebnissen (siehe Tab. 4-6) können die Ladungsparameter in den Gleichungen der differenzierten Variablen „Δ Gesundheitsausgaben" und

„Δ Lebenserwartung" gleich Null gesetzt werden (t-Wert: 0,583 bzw. 1,213). Der LR-Test auf Restriktionen stützt diese Hypothese mit einem p-value von 0,423; die Variablen „Gesundheitsausgaben" und „Lebenserwartung" sind schwach exogen. Demnach erfolgt die Anpassung an das langfristige Gleichgewicht nach einer Abweichung von diesem weder über die Gesundheitsausgaben noch über die Lebenserwartung. Unter Berücksichtigung der eingeführten Restriktionen, stellt Tabelle 4-8 die geschätzten Anpassungsparameter (inklusive t-Werte) in Abhängigkeit der gewählten Normierung in der Kointegrationsbeziehung (Personal pro Bett bzw. Gesundheitsausgaben) dar.[348]

	Normierung auf perspb		Normierung auf hex	
	$\hat{\alpha}_1$	t-Wert	$\hat{\alpha}_1$	t-Wert
Δ hex	0	-	0	-
Δ perspb	-0,270	-2,460	0,002	2,460
Δ verweil	8,255	10,958	-0,072	-10,958
Δ life	0	-	0	-

Tabelle 4-8:　Geschätzte Ladungsparameter in Modell 1

Um zu beurteilen, ob die signifikanten Koeffizienten in α als Anpassungsparameter interpretiert werden können, müssen jeweils die Vorzeichen der Parameter mit den Vorzeichen der zugehörigen Koeffizienten in der Kointegrationsbeziehung verglichen werden. Nur entgegengesetzte Vorzeichen lassen eine Korrektur nach einer Gleichgewichtsstörung über die entsprechende Variable zu. Grundsätzlich müssen also die Vorzeichen von α_{ij} und β_{ij} ($i = 1, \dots, n$, $j = 1, \dots, r$) entgegengesetzt sein, damit eine Anpassung überhaupt möglich ist.[349] Ist das Gegenteil der Fall, dann sind die α-Koeffizienten als Ladungsparameter zu interpretieren, d. h. sie geben den Einfluss der Langfristbeziehungen bzw. Abweichungen davon auf die entsprechende endogene Variable an. Die Parameter in α übernehmen also eine doppelte Funktion, die der Anpassung und die der Ladung. Weiterhin sei angemerkt, dass je nach Normierung in der Langfristbeziehung unterschiedliche Werte für α resultieren; die Signifikanz der Parameter bleibt jedoch unberührt (vgl. Tab. 4-8).

---

[348] Da wenigstens ein t-Wert größer als drei ist, wird davon ausgegangen, dass die Langfristbeziehung nicht „überflüssig" ist. Also auch dieses Kriterium stützt die Wahl des Kointegrationsrangs von Eins.

[349] Vgl. Juselius, 2006, S. 122.

Vor dem Hintergrund der angeführten Argumente sowie in Anbetracht der uneinheitlichen Vorgehensweise bzw. Interpretation bei empirischen Anwendungen[350] wird in der vorliegenden Arbeit auf die Interpretation der Größenordnung von α verzichtet.

Werden für Modell 1 die Werte aus Tabelle 4-7 mit den Angaben in Tabelle 4-8 (Spalte „Normierung auf perspb") verglichen, zeigt sich, dass die Anpassung bzw. Korrektur nach einem Gleichgewichtsfehler sowohl über das Personal pro Bett als auch über die Verweildauer erfolgt (jeweils unterschiedliche Vorzeichen).

Neben den Anpassungs- bzw. Ladungsparametern ist an der kurzfristigen Struktur insbesondere interessant, ob – bei Existenz von schwach exogenen Variablen – auch die Eigenschaft der strengen Exogenität gegeben ist. Da in jeder der vier bzw. zwei Gleichungen (Δ hex, Δ life) mindestens ein Koeffizient signifikant von Null verschieden ist, ist die Bedingung der strengen Exogenität weder für die Gesundheitsausgaben noch für die Lebenserwartung gegeben. Für die Variable „Lebenserwartung" scheitert diese Bedingung an der Signifikanz einer einzigen Variablen. Dass die übrigen Größen keinen signifikanten Einfluss auf die Lebenserwartung haben, schlägt sich auch in dem niedrigen Erklärungsgehalt der entsprechenden Gleichung nieder $\left(\mathrm{R}^2 = 0{,}156\right)$.

Die Parameter der kurzfristigen Dynamik liefern außerdem Hinweise darauf, ob Variablen gänzlich eliminiert werden können. Dieser Aspekt ist vor allem im Hinblick auf eine sparsame Parametrisierung von Interesse. In Modell 1 besitzen sämtliche Variablen einen signifikanten Einfluss auf mindestens eine endogene Variable, so dass die Modellspezifikation beibehalten wird.

Im Allgemeinen wird – wie bereits in Kapitel 3.3.10.2 erwähnt – der Identifikation der Kurzfriststruktur wenig Aufmerksamkeit geschenkt, so auch in dieser Arbeit. Demnach werden die Parameter zur Beschreibung der kurzfristigen Dynamik an dieser Stelle nicht näher betrachtet.[351]

---

[350] Vgl. z. B. Juselius, 2006, S. 249-251.

[351] Die signifikanten Koeffizientenwerte der kurzfristigen Struktur können dem Anhang 5, S. 173 entnommen werden. Es sei darauf hingewiesen, dass die Parameter der Kurzfriststruktur auf Basis des VAR-Modells in Standardform ermittelt wurden.

Der nächste Schritt beschäftigt sich mit der Identifikation der drei gemeinsamen stochastischen Trends des Systems.[352] Da die Variablen „Gesundheitsausgaben" und „Lebenserwartung" schwach exogen sind, erfolgt die Normierung zweier Trends auf jeweils eine der beiden Variablen. Der dritte Trend wird in Anbetracht der Ergebnisse der Hypothesentests auf das Personal pro Bett normiert. Definitionsgemäß sind die ersten beiden Trends gerade die kumulierten Residuen der Variablen „Gesundheitsausgaben" bzw. „Lebenserwartung". Der dritte Trend ergibt sich aus der Summe der Residuen des Personals pro Bett (bedingt durch die Normierung) und der Verweildauer (t-Wert: 2,388). Die Gleichungen (4.3-3) bis (4.3-5) definieren die gemeinsamen stochastischen Trends des Modells.[353]

$$CT_{1,t} = \sum_{i=1}^{t} \hat{\varepsilon}_{hex,t} \qquad\qquad (4.3\text{-}3)$$

$$CT_{2,t} = \sum_{i=1}^{t} \hat{\varepsilon}_{life,t} \qquad\qquad (4.3\text{-}4)$$

$$CT_{3,t} = \sum_{i=1}^{t} \hat{\varepsilon}_{perspb,t} + 0{,}033 \cdot \sum_{i=1}^{t} \hat{\varepsilon}_{verweil,t} \qquad\qquad (4.3\text{-}5)$$

Die langfristigen, auf dem 10%-Niveau signifikanten Einflüsse der kumulierten Schocks auf die einzelnen Variablen im System können der Tabelle 4-9 entnommen werden. Die Unterschiede in den Größenordnungen der Koeffizienten liegen in den verschiedenen Einheiten der jeweiligen Variablen begründet.

	$\sum \hat{\varepsilon}_{hex}$	$\sum \hat{\varepsilon}_{perspb}$	$\sum \hat{\varepsilon}_{verweil}$	$\sum \hat{\varepsilon}_{life}$
hex	0,745	152,271	-	-
perspb	-	1,563	0,051	-
verweil	-0,044	-	-	0,181
life	-	-	-	0,857

Tabelle 4-9:   Langfristige Einflüsse der kumulierten Residuen in Modell 1

---

[352] Siehe hierzu auch Kapitel 3.3.11.
[353] Vgl. Gleichung (3.3-36).

Schocks auf die Gesundheitsausgaben resultieren größtenteils aus Reformen und Gesetzesänderungen im Gesundheitswesen. Diese politischen bzw. rechtlichen Maßnahmen sind meist mit dem Ziel der Kosteneinsparung verbunden. In der Vergangenheit wurde beispielsweise mit der Einführung der Fallpauschalen speziell die Verkürzung der Verweildauer in stationären Einrichtungen verfolgt. Wie Tabelle 4-9 zeigt, ist der langfristige Effekt auf die Verweildauer negativ. Das politische Ziel wird also erreicht, zumindest im Hinblick auf eine verkürzte Aufenthaltsdauer. Das monetäre Ziel der gesundheitspolitischen Aktivitäten, die Senkung der Gesundheitsausgaben, scheint dagegen nicht erreicht. Die Gesundheitsausgaben steigen langfristig im Zuge der Reformen und Gesetzesänderungen im Gesundheitswesen (positiver Koeffizient).

Der permanente Einfluss der kumulierten Residuen der Variablen „Personal pro Bett" auf sich selbst ist positiv. Außerdem haben die empirischen Schocks auf das Personal pro Bett anhaltende und positive Wirkungen auf die Gesundheitsausgaben; die übrigen Größen im Modell bleiben zumindest langfristig unbeeinflusst.

Die kumulierten Residuen der Verweildauer haben lediglich auf das Personal pro Bett eine anhaltende (positive) Wirkung. Demnach beeinflussen in diesem Modell Schocks auf eine Größe der Inanspruchnahme nur die Ressourcen im Gesundheitswesen dauerhaft. Hieraus geht hervor, dass politische Maßnahmen bezüglich der Verweildauer sich nicht langfristig in der Ausgabenentwicklung niederschlagen.

Die Lebenserwartung wird ausschließlich von Schocks auf sich selbst dauerhaft beeinflusst. Dieser positive Einfluss ist insofern plausibel, als Schocks auf die Lebenserwartung vermutlich in erster Linie mit medizinisch-technischen „Durchbrüchen" verbunden sind. Neue Möglichkeiten der Diagnose und Therapie können die Lebensdauer der Menschen verlängern. Der positive Effekt auf die Verweildauer könnte ein Indiz dafür sein, dass die gewonnenen Lebensjahre zumindest teilweise in Krankheit verbracht werden, die eine intensive bzw. „zeitaufwendige" Behandlung erforderlich macht. Andererseits ist auch denkbar, dass mit entsprechender Behandlung das (frühzeitige) Versterben von Menschen durch die medizinischen Neuerungen vermieden bzw. in ein höheres Lebensalter verschoben werden kann.

Um die permanenten strukturellen Schocks des Modells zu identifizieren,[354] werden die Restriktionen so gewählt, dass die Lebenserwartung nur durch einen permanenten Schock dauerhaft beeinflusst wird und das Personal pro Bett von einem anhaltenden Schock langfristig unberührt bleibt. Da lediglich ein transitorischer Schock im Modell existiert, ist dieser bereits identifiziert – auch ohne die Einführung von Restriktionen. Tabelle 4-10 enthält die geschätzten Werte der langfristigen Einflüsse der strukturellen Schocks unter Berücksichtigung der eingeführten Restriktionen.[355]

	$\sum \hat{\omega}^{T_1}$	$\sum \hat{\omega}^{P_1}$	$\sum \hat{\omega}^{P_2}$	$\sum \hat{\omega}^{P_3}$
hex	0,000	2,159	97,746	1
perspb	0,000	-0,001	1	0
verweil	0,000	0,098	1,109	-0,068
life	0,000	1	0	0

Tabelle 4-10: Langfristige Einflüsse der strukturellen Schocks in Modell 1

Definitionsgemäß üben transitorische Schocks lediglich vorübergehende, nicht jedoch langfristige Effekte auf die endogenen Variablen im System aus; daher die Null-Werte in der Spalte $\sum \hat{\omega}^{T_1}$.

Der erste permanente Schock ist durch die gewählte Normierung als ein Schock auf die Lebenserwartung identifiziert. Ein positiver Schock auf die Lebenserwartung, wie beispielsweise einschneidende medizinisch-technische Fortschritte, die die Lebensdauer verlängern, führt langfristig zu einer Ausgabensteigerung im Gesundheitswesen (positives Vorzeichen). Im Einklang mit den bisher angeführten Argumenten ist davon auszugehen, dass der Einsatz medizinisch-technischer Neuerungen hohe Kosten verursacht – die gewonnenen Lebensjahre haben ihren Preis. Es stellt sich dennoch die Frage, ob durch den medizinischen Fortschritt lediglich alte und günstigere Technologien durch neue, teurere Verfahren ersetzt werden, oder ob die Forschung gar neue medizinische Möglichkeiten eröffnet und somit die Inanspruchnahme von Gesundheitsleistungen steigt. Dass der Ausgabenanstieg zumindest teilweise aus einer

---

[354] Siehe hierzu auch Kapitel 3.3.12.

[355] Anmerkung: Es werden in CATS keine Werte zur Beurteilung der Signifikanz ausgewiesen. Für die kontemporären und kurzfristigen Reaktionen der Variablen auf die Schocks im System sowie die formale Beziehung zwischen den strukturellen Schocks und den VAR-Residuen siehe Anhang 5, S. 173-175.

höheren Inanspruchnahme resultiert, lässt die langfristige positive Wirkung auf die Verweildauer vermuten. Der anhaltende Einfluss auf das Personal pro Bett ist negativ. Eine mögliche Begründung hierfür wurde bereits bei der Interpretation der Kointegrationsbeziehung geliefert: Der medizinisch-technische Fortschritt kann in mancherlei Hinsicht die Arbeitsproduktivität steigern. Ist der Personaleinsatz produktiver, sinkt c. p. der Bedarf an Personal.

ω^{P_2}, identifiziert als ein Schock auf das Personal pro Bett, hat aufgrund der eingeführten Restriktionen keine andauernden Effekte auf die Lebenserwartung. Die langfristigen Auswirkungen auf die Variablen „Gesundheitsausgaben" und „Verweildauer" sind jeweils positiv. Wird die Konstanz der Bettenanzahl angenommen, resultiert der positive Schock auf das Personal pro Bett in einer Zunahme des Personals. Zusätzliches Personal verursacht höhere Personalkosten, wodurch die Ausgaben steigen. Im Hinblick auf die Verweildauer lässt der positive Einfluss den Verdacht einer angebotsinduzierten Nachfrage aufkommen. Ist dies tatsächlich der Fall, übersteigt die Nachfrage die medizinisch notwendige Primärnachfrage.

Ein Schock auf die Gesundheitsausgaben ω^{P_3} hat per definitionem keine anhaltenden Effekte auf das Personal pro Bett und die Lebenserwartung. Die dauerhafte Auswirkung auf die Verweildauer ist negativ. Schocks auf die Gesundheitsausgaben sind – wie bereits angeführt – in erster Linie durch gesundheitspolitische Reformen und Gesetzesänderungen verursacht. Da nicht zuletzt aufgrund von Steuerungsmängeln im Gesundheitswesen grundsätzlich eine übermäßige Inanspruchnahme von Gesundheitsleistungen vermutet werden kann, zielen politische Maßnahmen häufig darauf ab, die „überflüssige" Inanspruchnahme zu drosseln. So wurde in der Vergangenheit konkret die Reduktion der Verweildauer in der stationären Versorgung angestrebt. Vor diesem Hintergrund sind die negativen Auswirkungen plausibel.

4.3.2.2 Modell 2: Das marktwirtschaftliche Modell

Das zweite Modell (Modell 2) wird in dieser Arbeit auch als marktwirtschaftliches Modell bezeichnet, da Angebot und Nachfrage von Gesundheitsleistungen bei der Interpretation der Ergebnisse eine entscheidende Rolle spielen.

Als Determinanten der Gesundheitsausgaben (hex) werden die absolute Veränderung der praktizierenden Ärzte (ddoc), das BIP pro Kopf (bippc) und die Sozialleistungen (sozial) herangezogen.[356] Die Anzahl der Ärzte wird als absolute Veränderung berücksichtigt, da sie im Niveau integriert vom Grade zwei ist.[357]

Auch im marktwirtschaftlichen Modell müssen lediglich die Bruchzeitpunkte 1991 und 1999 aufgenommen werden. Allerdings ist die Aufnahme einiger Ausreißer relevant, nämlich für die Jahre 1970, 1989, 1997 sowie entsprechend der Strukturbrüche in 1991 und 1999. Die Laglänge beträgt zwei.[358]

Die Modellannahmen sind im univariaten Fall mit einem p-value von mindestens 0,05 alle gegeben. Die Determinationskoeffizienten nehmen hohe Werte zwischen 0,770 (Δ bippc) und 0,996 (Δ ddoc) an. Der Erklärungsgehalt im gesamten System ist mit einer Trace-Korrelation[359] von 0,752 ebenfalls hoch. Tabelle 4-11 zeigt, dass die Modellannahmen im globalen Modell erfüllt sind.

Modellannahme	p-value
Autokorrelation:	
LM(1)	0,558
LM(2)	0,032
Normalverteilung	0,315
Heteroskedastie:	
LM(1)	0,255
LM(2)	0,321

Tabelle 4-11: Annahmenüberprüfung in Modell 2

---

[356] Für die grafische Darstellung der Variablen siehe Anhang 6, S. 176 bzw. für die Gesundheitsausgaben Kapitel 4.2.2.1.

[357] Siehe Kapitel 4.2.2.2.

[358] Auch in Modell 2 empfehlen die Informationskriterien und der LR-Test eine wesentlich höhere Lagordnung. Dennoch wird – wie in Modell 1 – die Laglänge im VAR-Modell auf zwei gesetzt, da die Modellannahmen erfüllt sind und die Modellspezifikation deutlich sparsamer ist.

[359] Vgl. hierzu Kapitel 3.3.7.

147

Die Annahme der Nicht-Autokorrelation zweiter Ordnung ist, wie aus Tabelle 4-11 hervorgeht, lediglich bei einer Irrtumswahrscheinlichkeit von rund 3% gegeben. Da jedoch die übrigen Annahmen als erfüllt angesehen werden können, wird die Modellspezifikation akzeptiert.

Zur Bestimmung des Kointegrationsrangs[360] wird zunächst der Johansen-Test betrachtet. Tabelle 4-12 zeigt die relevanten Größen dieses Tests.

n-r	r	Eigenwert	p-value	p-value*
4	0	0,940	0,000	0,000
3	1	0,446	0,084	0,259

Tabelle 4-12: Johansen-Test in Modell 2

Entsprechend den Angaben aus Tabelle 4-12 deutet der Johansen-Test auf eine Kointegrationsbeziehung bzw. drei gemeinsame stochastische Trends hin. Die grafische Darstellung der rekursiv berechneten Trace-Statistik stützt dieses Ergebnis, da lediglich eine der Prüfgrößen, nämlich $H(r=1)$, einen (linearen) Trend aufweist (siehe Abb. 4-6).

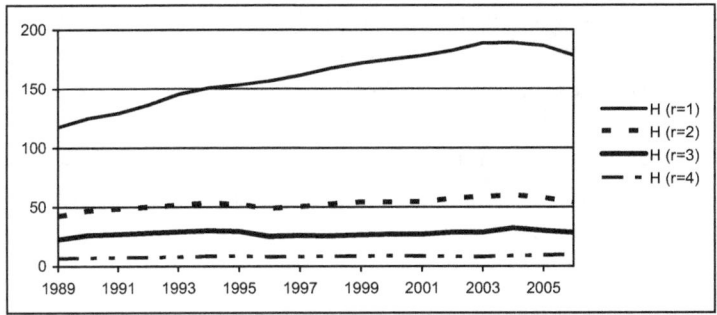

Abbildung 4-6:   Rekursive Trace-Teststatistik in Modell 2

Unter der Bedingung $r=1$ bzw. $n-r=3$ beträgt die viertgrößte Wurzel des Modells 0,355. Es kann also von der Stationarität der Kointegrationsbeziehung ausgegangen werden. Die übrigen Kriterien zur Bestimmung des Kointegrationsrangs unterstützen – wie sich weiter unten zeigen wird – die Wahl einer langfristigen Beziehung bzw. eines Kointegrationsranges von Eins.

---

[360] Siehe hierzu auch Kapitel 3.3.6.

Die Tests auf Parameterstabilität[361] lassen größtenteils die Konstanz der Parameter vermuten. Ausnahmen bilden die Prognosefehler sowie der Test auf Konstanz der logarithmierten Likelihood-Funktion. Auch für Modell 2 (konzentriertes Modell) werden exemplarisch die rekursiven Prüfgrößen der Tests auf konstante Log-Likelihood-Funktion bzw. konstante Kointegrationsmatrix grafisch dargestellt (siehe Abb. 4-7).

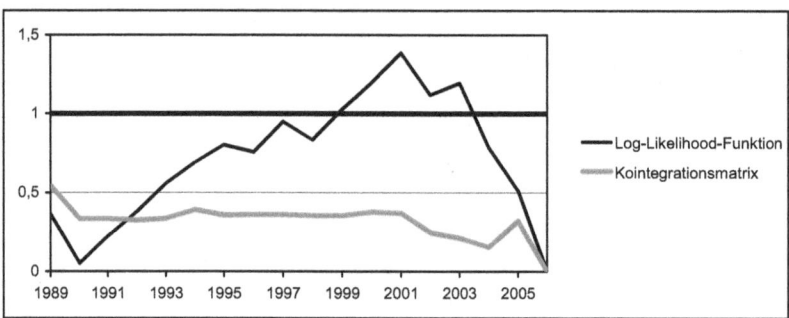

Abbildung 4-7:   Tests auf Parameterstabilität in Modell 2

Aus Abbildung 4-7 ist ersichtlich, dass der Test auf Konstanz der Log-Likelihood-Funktion die Parameterstabilität für wenige Zeitpunkte um die Jahrtausendwende ablehnt. Vor dem Hintergrund, dass die Mehrzahl der Kriterien bzw. Tests die Parameterstabilität stützt, wird die Analyse des Modells fortgesetzt.

Um einen ersten Eindruck zu bekommen, ob und ggf. welche Restriktionen im Modell relevant sein könnten, werden zunächst die Ergebnisse der allgemeinen Hypothesentests[362] betrachtet. Tabelle 4-13 stellt die Testresultate (p-value) für r = 1 dar.

Hypothesentest	hex	ddoc	bippc	sozial	TB(91)	TB(99)	Trend
Variablenausschluss	0,008	0,000	0,023	0,136	0,419	0,320	0,902
Trendstationarität	0,000	0,003	0,000	0,000	-	-	-
Schwache Exogenität	0,160	0,000	0,438	0,103	-	-	-
Einheitsvektor	0,000	0,206	0,000	0,000	-	-	-

Tabelle 4-13: Hypothesentests in Modell 2

---

[361] Siehe hierzu auch Kapitel 3.3.8.
[362] Siehe hierzu auch Kapitel 3.3.9.

Aus Tabelle 4-13 geht hervor, dass keiner der deterministischen Terme einen signifikanten Einfluss in der Kointegrationsbeziehung hat. Weiterhin können die Sozialleistungen auf Basis dieser Ergebnisse eliminiert werden. Es ist jedoch zu beachten, dass diese Tests separat durchgeführt werden, d. h. die gemeinsame Eliminierung der vier Variablen aus der Langfristbeziehung kann anhand dieser Ergebnisse nicht beurteilt werden. Spezielle Tests auf solche Restriktionen erfolgen weiter unten. Tabelle 4-13 zeigt weiterhin, dass keine der vier endogenen Variablen trendstationär ist, die Ergebnisse aus Kapitel 4.2 werden demzufolge gestützt. Einzeln betrachtet sind die Variablen „Gesundheitsausgaben", „BIP pro Kopf" und „Sozialleistungen" schwach exogen. Auch hier muss getestet werden, ob diese Eigenschaft ebenfalls in einer gemeinsamen Betrachtung gegeben ist. Die Veränderung der Arztzahlen (ddoc) „sorgt" für einen Vektor proportional zum Einheitsvektor in der Ladungsmatrix. Schocks auf die Veränderung der Arztzahlen haben demnach keine langfristigen Einflüsse auf die Größen im System.

Den Schätzergebnissen der unrestringierten Kointegrationsbeziehung zufolge können die deterministischen Terme aus der langfristigen Beziehung eliminiert werden. Die sukzessive Entfernung dieser Größen führt letztlich zu einem LR-Test auf Restriktionen mit einen p-value von 0,662; die Restriktionen sind somit bindend.[363] Dies bedeutet, dass sich der in den Ausgangsdaten beobachtete lineare Trend (inklusive Strukturbrüchen) in der Kointegrationsbeziehung aufhebt. Die Sozialleistungen werden – entgegen den Ergebnissen aus Tabelle 4-13 – nicht eliminiert, da der t-Wert des zugehörigen Koeffizienten bei -3,084 liegt. Tabelle 4-14 zeigt unter Berücksichtigung der eingeführten Restriktionen die Koeffizientenwerte (samt t-Werte) für die geschätzte Kointegrationsbeziehung mit Normierung auf die Gesundheitsausgaben.

---

[363] Unter Berücksichtigung der Klein-Stichproben-Korrektur beträgt der p-value* 0,828.

	$\hat{\beta}_1$	t-Wert
hex	1	-
ddoc	0,006	24,384
bippc	-0,008	-7,934
sozial	-0,114	-3,084
TB(91)	-	-
TB(99)	-	-
Trend	-	-

Tabelle 4-14: Geschätzte Kointegrationsbeziehung in Modell 2

Entsprechend den Angaben aus Tabelle 4-14 sind sämtliche endogenen Variablen für die Gleichgewichtsbeziehung statistisch relevant. Durch die gewählte Normierung auf die Gesundheitsausgaben kann die stationäre Langfristbeziehung aus Tabelle 4-14 durch folgende Gleichung abgebildet werden:

$$hex = -0{,}006 \cdot ddoc + 0{,}008 \cdot bippc + 0{,}114 \cdot sozial + ecm \qquad (4.3\text{-}6)$$

Aus Gleichung (4.3-6) geht hervor, dass die Beziehung zwischen den Gesundheitsausgaben und der Veränderung der Arztzahlen negativ ist. Dieses Ergebnis widerlegt die These der angebotsinduzierten Nachfrage – zumindest im Hinblick auf die Ärzte. Empirische Untersuchungen zu dieser Thematik führen zu ähnlichen Ergebnisse, also das Vorliegen eines negativen Zusammenhangs zwischen den Ausgaben für Gesundheit und der Anzahl der Ärzte.[364] Begründen lässt sich dieser Sachverhalt wie folgt: Steigt die Anzahl der Ärzte, kann eine bessere medizinische Versorgung gewährleistet werden – insbesondere in der Situation eines Ärztemangels. Im Zuge einer besseren Versorgung, verbessert sich der gesundheitliche Zustand der Bevölkerung, wodurch letztlich niedrigere Kosten im Gesundheitswesen anfallen. Die positive Beziehung zwischen den Variablen „Gesundheitsausgaben" und „BIP pro Kopf" ist dadurch begründet, dass ein höheres Einkommen pro Kopf für eine positive Konsumstimmung sorgt. Zusätzlicher Konsum wird auch zu Gunsten von Gesundheitsleistungen bzw. -produkten getätigt, was schließlich eine Ausgabensteigerung im Gesundheitswesen zur Folge hat. In Kapitel 2.3 wurde ein negativer Zusammenhang zwischen dem sozialen Status und dem Gesundheitszustand eines Menschen herausgearbeitet. Deutet man steigende Sozialleistungen als eine Verschlech-

---

[364] Vgl. van Elk/Mot/Franses, 2009, S. 19.

terung der sozialen Lage in unserer Gesellschaft, dann implizieren höhere Sozialleistungen auch einen schlechteren gesundheitlichen Zustand. Gleichzeitig führt ein schlechterer Gesundheitszustand in aller Regel zu einer erhöhten Inanspruchnahme von Gesundheitsleistungen, wodurch schließlich die Gesundheitsausgaben steigen.

Abbildung 4-8 zeigt den grafischen Verlauf der kointegrierenden Beziehung (entsprechend Tab. 4-14).[365]

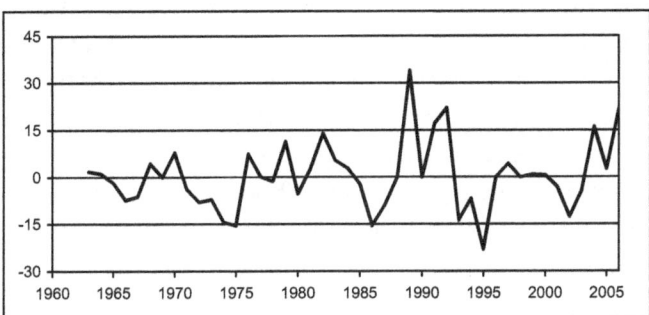

Abbildung 4-8:   Geschätzte Kointegrationsbeziehung in Modell 2

Unter Berücksichtigung der geschätzten Kointegrationsbeziehung werden die Ladungs- bzw. Anpassungsparameter ermittelt. Für das BIP pro Kopf ergibt sich zum geschätzten Ladungsparameter ein t-Wert von nur 0,877. Die Vermutung der schwachen Exogenität des „BIP pro Kopf" wird bekräftigt und durch den entsprechenden LR-Test mit einem p-value von 0,671 bestätigt.[366] Tabelle 4-15 zeigt die Ladungsparameter unter der Bedingung der schwachen Exogenität vom „BIP pro Kopf".[367]

---

[365] Die grafische Darstellung der Kointegrationsbeziehung stützt die Wahl des Kointegrationsrangs von Eins, zumindest in Hinblick auf die Mittelwertstationarität.

[366] Der p-value* des LR-Tests mit Klein-Stichproben-Korrektur beträgt 0,841.

[367] Da wenigstens ein t-Wert dem Betrage nach größer als drei ist, wird die Relevanz der Kointegrationsbeziehung bestätigt.

	$\hat{\alpha}_1$	t-Wert
Δ hex	-0,050	-1,671
Δ ddoc	-187,619	-23,619
Δ bippc	0	-
Δ sozial	-0,122	-1,766

Tabelle 4-15: Geschätzte Ladungsparameter in Modell 2

Die Werte der Tabelle 4-15 deuten darauf hin, dass zumindest bei einer Irrtumswahrscheinlichkeit von 5% die Variablen „Gesundheitsausgaben" und „Sozialleistungen" ebenfalls die Eigenschaft der schwachen Exogenität besitzen. Da die entsprechenden Ladungsparameter jedoch auf dem 10%-Niveau signifikant von Null verschieden sind, werden keine Nullrestriktionen bezüglich dieser Koeffizienten eingeführt. Hintergrund ist u. a., dass – wenn auch nur bei einer relativ hohen Irrtumswahrscheinlichkeit – die langfristige Gleichgewichtsbeziehung bzw. die Abweichungen davon einen Erklärungsbeitrag in den jeweiligen Gleichungen liefern, was sich auch in den Prognoseergebnissen positiv widerspiegelt.

Werden die Vorzeichen der signifikanten Ladungsparameter (Tab. 4-15) mit denen der Koeffizienten der Langfristbeziehung (Tab. 4-14) verglichen, geht hervor, dass sowohl die Gesundheitsausgaben als auch die Veränderung der Arztzahlen die Korrektur der Gleichgewichtsfehler übernehmen. Dagegen zeigt die Veränderung der Sozialleistungen (Δ sozial) lediglich eine Reaktion auf die Gleichgewichtsstörung (gleiche Vorzeichen), ein entsprechender Anpassungsmechanismus wird demnach nicht ausgelöst – zumindest nicht unmittelbar. Es ist grundsätzlich denkbar, dass auch die Entwicklung der Sozialleistungen über Umwege die Wiederherstellung des langfristigen Gleichgewichts begünstigt.

Die übrigen Parameter der kurzfristigen Struktur begründen weder die strenge Exogenität noch die gänzliche Eliminierung von Variablen im System.[368]

---

[368] Für die signifikanten Koeffizienten der kurzfristigen Struktur siehe Anhang 6, S. 177. Anmerkung: Auch in Modell 2 wurden die Parameter der kurzfristigen Struktur auf Basis des VAR-Modells in Standardform ermittelt.

Der nächste Schritt widmet sich der Identifikation der gemeinsamen stochastischen Trends.[369] Aufgrund der bisherigen Ergebnisse empfiehlt sich die Normierung der Trends auf die Variablen „Gesundheitsausgaben", „BIP pro Kopf" bzw. „Sozialleistungen". Gemäß der Definition der schwachen Exogenität ergeben sich die gemeinsamen stochastischen Trends jeweils ausschließlich aus den kumulierten Residuen einer einzigen Variablen (hex, bippc bzw. sozial).

Die signifikanten[370], langfristigen Einflüsse der kumulierten Residuen der Variablen auf die einzelnen Größen im System sind in Tabelle 4-16 angegeben. Die Unterschiede in den Größenordnungen der Koeffizienten liegen in den verschiedenen Einheiten der jeweiligen Variablen begründet.

	$\sum\hat{\varepsilon}_{hex}$	$\sum\hat{\varepsilon}_{ddoc}$	$\sum\hat{\varepsilon}_{bippc}$	$\sum\hat{\varepsilon}_{sozial}$
hex	0,695	-	0,006	0,294
ddoc	-173,323	-	0,694	-
bippc	-30,192	-	0,972	-
sozial	-	-	0,017	2,062

Tabelle 4-16: Langfristige Einflüsse der kumulierten Residuen in Modell 2

Aus Tabelle 4-16 geht hervor, dass Schocks auf die Gesundheitsausgaben langfristig auf sich selbst positiv wirken. Dieses Ergebnis lässt – wie bereits in Modell 1 – vermuten, dass bisherige Reformen und Gesetzesänderungen ihr häufiges Ziel der nachhaltigen Ausgabenreduktion nicht erreichen.

Der Effekt auf die Veränderung der Arztzahlen ist dagegen negativ. Eine Begründung hierfür ist, dass einflussreiche Meinungsträger und ausschlaggebende Politiker von einer angebotsinduzierten Nachfrage, bedingt durch die Ärzte, ausgehen. Deshalb sind die ergriffenen Maßnahmen häufig darauf gerichtet, die Arztzahlen zu reduzieren. Die geschätzte Langfristbeziehung gemäß Gleichung (3.4-6) zeigt jedoch, dass solche politischen Aktivitäten aus monetärer Sicht nicht zielführend sind, denn der Zusammenhang zwischen den Gesundheitsausgaben und der Veränderung der Arztzahlen ist negativ. Über diesen direkten Effekt der gesundheitspolitischen Maßnahmen auf die Arzt-

---

[369] Siehe hierzu auch Kapitel 3.3.11.
[370] Bei einer Irrtumswahrscheinlichkeit von 10%.

zahlen hinaus ist beispielsweise auch folgende indirekte Wirkungskette denkbar: Reformen und Gesetzesänderungen im Gesundheitswesen gehen häufig mit Erhöhungen der Selbstbeteiligung einher. Infolgedessen verlieren medizinische Dienstleistungen an Attraktivität, was sich in einer sinkenden Nachfrage niederschlägt. Auf diesen Nachfragerückgang reagiert die Angebotsseite mit einer Reduktion der Ärztezahl.

Weiterhin üben die kumulierten Residuen der Variablen „Gesundheitsausgaben" langfristig einen negativen Effekt auf das BIP pro Kopf aus. Dieser Sachverhalt kann wie folgt erklärt werden: Gesundheitspolitische Reformen bringen nicht selten Kürzungen im Leistungskatalog der gesetzlichen Krankenkasse mit sich. Die Politiker versprechen sich von dieser Maßnahme einen Rückgang der Inanspruchnahme von Gesundheitsleistungen. Geht die „Rechnung" auf, kann sich dies negativ auf das Humankapital auswirken. Eine Reduktion des Humankapitals bringt wiederum negative Effekte auf die Wirtschaftsleistung mit sich, was c. p. einem Rückgang des BIP pro Kopf entspricht.

Diese Ergebnisse rechtfertigen Kritik an den Reformen im Gesundheitswesen – das Angebot der Gesundheitsversorgung wird verschlechtert, die Ausgaben für Gesundheit gesteigert und die Wirtschaftsleistung gebremst.

Schocks auf die absolute Veränderung der Ärzte haben keinerlei langfristigen Auswirkungen auf die endogenen Größen im System. Hierdurch wird die Hypothese eines Vektors proportional zum Einheitsvektor gestützt, weil die Differenz der Arztzahlen lediglich anpassenden Charakter besitzt. Dies widerlegt ebenfalls die These der angebotsinduzierten Nachfrage. Streng genommen müssten aus formaler Sicht die α-Koeffizienten in den Gleichungen für „Δ Gesundheitsausgaben" und „Δ Sozialleistungen" gleich Null gesetzt werden. Es sei daran erinnert, dass entsprechende Restriktionen aus statistischer Sicht unbedenklich sind, die Autorin sich lediglich aus erklärungsrelevanten Aspekten gegen die Eliminierung der Langfristbeziehung aus den jeweiligen Gleichungen entschieden hat.

Die pauschale Festlegung der Ursache von Schocks auf das BIP pro Kopf ist äußerst schwierig. Zahlreiche Ereignisse kommen hierfür in Frage, die sowohl positive als auch negative Auswirkungen haben können. Demnach soll lediglich

festgehalten werden, dass die kumulierten Schocks auf das BIP pro Kopf
sämtliche Größen im System signifikant positiv beeinflussen. Ebenso haben die
kumulierten Residuen der Sozialleistungen ausschließlich positive Auswirkungen, jedoch nur auf die Gesundheitsausgaben und sich selbst.

Im letzten Analyseschritt werden die strukturellen Schocks[371] fokussiert. Der
transitorische Schock im System ist bereits identifiziert. Für die Identifikation
der permanenten Schocks müssen dagegen Restriktionen eingeführt werden. Es
wird angenommen, dass das BIP pro Kopf bzw. die Sozialleistungen lediglich
von einem bzw. zwei der drei permanenten Schocks langfristig beeinflusst
werden. Die Normierung der dauerhaften Schocks erfolgt auf die Variablen
„BIP pro Kopf", „Sozialleistungen" bzw. „Gesundheitsausgaben". Tabelle 4-17
zeigt die langfristigen Einflüsse der strukturellen Schocks unter Berücksichtigung der eingeführten Restriktionen und Normierungen.[372]

	$\sum \hat{\omega}^{T_1}$	$\sum \hat{\omega}^{P_1}$	$\sum \hat{\omega}^{P_2}$	$\sum \hat{\omega}^{P_3}$
hex	0,000	0,003	0,191	1
ddoc	0,000	0,958	-13,183	-172,360
bippc	0,000	1	0	0
sozial	0,000	0,005	1	0

Tabelle 4-17: Langfristige Einflüsse der strukturellen Schocks in Modell 2

Der erste permanente Schock ω^{P_1} kann aufgrund der gewählten Normierung als
ein positiver Schock auf das BIP pro Kopf interpretiert werden. Die langfristigen
Effekte eines positiven Schocks auf das BIP pro Kopf sind ausschließlich
positiv, wie aus Tabelle 4-17 hervorgeht. Die positiven Auswirkungen auf die
Gesundheitsausgaben lassen sich dadurch erklären, dass die verbesserte wirtschaftliche Situation der Individuen es ihnen ermöglicht, mehr Gesundheitsleistungen nachzufragen. Die erhöhte Nachfrage liefert gleichzeitig die Begründung für die positiven Effekte auf die Veränderung der Arztzahlen, denn um
eine höhere Inanspruchnahme bedienen zu können, muss das Angebot in aller

---

[371] Siehe hierzu auch Kapitel 3.3.12.
[372] Für die kontemporären und kurzfristigen Reaktionen der Variablen auf die Schocks im
System sowie die formale Beziehung zwischen den strukturellen Schocks und den VAR-
Residuen siehe Anhang 6, S. 177-178.

Regel steigen. Dass sich die Sozialleistungen gleichgerichtet mit der Wirtschaftsleistung (pro Kopf) entwickeln, erscheint ebenfalls plausibel.

Ein positiver Schock auf die Sozialleistungen ω^{P_2} hat aufgrund der eingeführten Restriktionen keine langfristigen Auswirkungen auf das BIP pro Kopf. Sind steigende Sozialleistungen ein Indiz für die Verschlechterung der sozialen Lage und geht damit ein schlechterer Gesundheitszustand einher, ist der positive Effekt auf die Gesundheitsausgaben nachvollziehbar. Hinsichtlich der negativen Auswirkungen auf die Veränderung der Arztzahlen ist folgendes anzuführen: I. d. R. führt eine Verschlechterung der sozialen Lage zu finanziellen Einbußen. Stehen den Individuen weniger finanzielle Mittel zur Verfügung, sinkt der Konsum, auch von Gesundheitsleistungen. Im Mittelpunkt dieser Argumentation steht nicht die Nachfrage nach Gesundheitsleistungen, die aufgrund von Krankheit unabdingbar ist, sondern solche Leistungen, die u. U. in den Bereich des erweiterten Gesundheitsmarktes fallen, wie z. B. kosmetische Operationen, also Leistungen, bei denen von einer hohen Nachfrageelastizität, bezogen auf das Einkommen, ausgegangen werden kann. Üblicherweise reagiert die Angebotsseite auf Veränderungen der Nachfrage, so dass in diesem Zusammenhang ein Rückgang der Arztzahlen plausibel erscheint.

Der dritte permanente Schock ist als Schock auf die Gesundheitsausgaben identifiziert. Definitionsgemäß hat dieser Schock keine anhaltenden Effekte auf das BIP pro Kopf und die Sozialleistungen. Der langfristige Effekt auf die Veränderung der Arztzahlen ist negativ. Hierin spiegeln sich politische Maßnahmen gegen eine (fälschlicherweise) angenommene angebotsinduzierte Nachfrage wider.

4.3.2.3 Zusammenfassung der Ergebnisse und deren Implikationen

In diesem Abschnitt werden die wesentlichen Ergebnisse der Kointegrationsanalysen zusammengefasst und modellübergreifend dargestellt. Da die Gesundheitsausgaben im Zentrum dieser Arbeit stehen, fokussieren sich die folgenden Ausführungen insbesondere auf diese Größe.

Der hohe (monetäre) Stellenwert des Krankenhaussektors sowie dessen oft unwirtschaftliche Verhaltensweise sind ein Grund dafür, dass politische Maßnahmen speziell für diesen Sektor ergriffen werden. Im Rahmen der Kointegrationsanalysen der vorliegenden Arbeit konnten sowohl die Verweildauer als auch das Personal pro Bett als Größen der stationären Versorgung explizit berücksichtigt werden.

Den Ergebnissen zufolge, hängen die Ausgaben für Gesundheit und die Verweildauer langfristig negativ zusammen. Schocks auf die Gesundheitsausgaben (gesundheitspolitische Reformen und Gesetzesänderungen) haben ferner dauerhafte negative Auswirkungen auf die durchschnittliche Verweildauer. Dies spiegeln die politischen Maßnahmen in Bezug auf die Verweildauer wider. Schocks auf die Verweildauer (Änderungen im Zuge gesundheitspolitischer Aktivitäten) wirken dagegen nicht langfristig auf die Ausgaben im Gesundheitswesen. Die erwünschte monetäre Wirkung der Reformen bleibt demnach aus. Der negative Zusammenhang sowie die mangelnde Nachhaltigkeit der Effekte auf die Gesundheitsausgaben deuten darauf hin, dass die durchschnittliche Verweildauer in stationären Einrichtungen nicht der richtige Ansatzpunkt für eine (nachhaltige) Ausgabenminderung ist.

Die langfristige Beziehung zwischen den „Gesundheitsausgaben" und dem „Personal pro Bett" ist positiv. Darüber hinaus haben Schocks auf das „Personal pro Bett" eine dauerhafte Wirkung auf die Gesundheitsausgaben. Schocks auf die Ausgaben beeinflussen das „Personal pro Bett" dagegen nicht anhaltend. Dies bedeutet, dass bisherige Reformen und / oder Gesetzesänderungen im Gesundheitswesen keine langfristigen Auswirkungen für das „Personal pro Bett" nach sich ziehen. Weist der Personaleinsatz in stationären Einrichtungen Ineffizienzen auf, empfiehlt es sich, diesen entgegenzuwirken, da hier von einer nachhaltigen Wirkung auszugehen ist.

Als weitere Größe aus dem Bereich „Ressourcen" wurde die absolute Veränderung der Arztzahlen berücksichtigt. Da diese Veränderungsgröße langfristig in einem negativen Zusammenhang mit den Gesundheitsausgaben steht, kann in der vorliegenden Arbeit die These der angebotsinduzierten Nachfrage widerlegt werden. Schocks auf die Veränderung der Arztzahlen haben jedoch keinerlei anhaltenden Effekte – zumindest nicht auf die einbezogenen Variablen im Modell (Gesundheitsausgaben, BIP pro Kopf, Sozialleistungen). Demnach stellt die Anzahl der Ärzte keine wesentliche „Stellschraube" dar, wenn das Ziel die langfristige Ausgabensenkung ist. Dass in der Realität das Gegenteil angenommen und entsprechend gehandelt wird, zeigen die langfristigen negativen Effekte der Gesundheitsreformen auf die Veränderung der Arztzahlen.

Die Lebenserwartung und die Gesundheitsausgaben stehen langfristig in einer positiven Beziehung zueinander. Gewonnene gesunde, aber auch kranke Lebensjahre führen langfristig zu einer Ausgabensteigerung im Gesundheitswesen. Grundsätzlich ist die steigende durchschnittliche Lebenserwartung bei der Geburt eine gewünschte Entwicklung. Ethisch verbietet sich, Maßnahmen zu ergreifen, die direkt oder indirekt darauf abzielen, über eine Reduzierung der Lebenserwartung die Gesundheitsausgaben zu senken. Die ausbleibende negative Wirkung der Gesundheitsreformen auf die Lebenserwartung spiegelt diesen Sachverhalt auch empirisch wider.

Die langfristige Beziehung zwischen den Ausgaben für Gesundheit und den Sozialleistungen ist positiv. Aufgrund der Ergebnisse kann angenommen werden, dass Schocks auf die Gesundheitsausgaben keine anhaltenden Effekte auf die Sozialleistungen haben. Hieraus geht hervor, dass gesundheitspolitische Reformen keine Verschlechterung der sozialen Lage nach sich ziehen, vorausgesetzt, die Sozialleistungen sind ein Indiz für die sozialen Verhältnisse. Dagegen haben Schocks auf die Sozialleistungen permanente Auswirkungen auf die Gesundheitsausgaben. Es ist vorstellbar, dass die Beziehung indirekt – in erster Linie über den individuellen Gesundheitszustand – begründet ist.

Zwischen den „Gesundheitsausgaben" und dem „BIP pro Kopf" herrscht ein langfristiger positiver Zusammenhang. Schocks auf die Gesundheitsausgaben wirken dauerhaft negativ auf das BIP pro Kopf. Demnach scheinen die Gesundheitsreformen – vermutlich indirekt, beispielsweise über das Humankapital – die Wirtschaftsleistung zu drosseln. Dies legt nahe, dass bei der Entscheidung über politische Maßnahmen auch die möglichen indirekten und negativen Auswirkungen auf das BIP pro Kopf (z. B. von einer Kürzung im Leistungskatalog über eine reduzierte Inanspruchnahme auf einen Rückgang des Humankapitals) berücksichtigt werden müssen. Schocks auf das BIP pro Kopf lassen die Gesundheitsausgaben steigen. Da positives Wirtschaftswachstum wünschenswert ist, kann es keine Lösung sein, über eine Reduktion des BIP pro Kopf die Gesundheitsausgaben zu senken.

Schocks auf die Gesundheitsausgaben haben einen langfristigen Einfluss auf sich selbst; die anhaltende Wirkung ist positiv. Beide Modelle kommen diesbezüglich zum gleichen Ergebnis. Dies lässt vermuten, dass die gesundheitspolitischen Reformen und Gesetzesänderungen – zumindest aus monetärer Sicht – nicht zielführend sind.

Zahlreiche Variablen, die auch im Hinblick auf einen Vergleich zu anderen Studien interessant gewesen wären, konnten im Rahmen der Kointegrationsanalyse nicht näher untersucht werden. In diesem Zusammenhang sind insbesondere die Forschungs- und Entwicklungsausgaben, der Anteil öffentlicher Ausgaben an den gesamten Gesundheitsausgaben sowie die Größen zur Beschreibung der Altersstruktur zu nennen. Die fehlende bzw. unzureichende Berücksichtigung einiger Variablen ist, abgesehen von der unzureichenden Datenverfügbarkeit, vor allem methodisch begründet. Allen voran ist in Bezug auf die Integrationstests die mangelnde Trennschärfe dieser Testverfahren zu nennen. Widersprüchliche Testergebnisse haben die Datengrundlage erheblich eingeschränkt. Ebenso ist die Festlegung bzw. Bestimmung der Ausreißer und Strukturbrüche kritisch anzusehen: Sowohl die exogene Festlegung als auch die endogene Bestimmung der Brüche – auch hinsichtlich der Anzahl – überlassen dem Anwender viel Handlungsspielraum. Solche Freiräume sind in der Empirie grundsätzlich mit Manipulationsmöglichkeiten bzw. möglichen Fehlerquellen verbunden.

Im Rahmen der Kointegrationsanalyse haben widersprüchliche Ergebnisse bezüglich des Vorliegens bzw. der Anzahl langfristiger Beziehungen viele Modellspezifikationen verworfen, die ggf. interessante Sachverhalte hätten aufzeigen können.[373] Weiterhin ist die Notwendigkeit des Einführens von Restriktionen ein schwieriges Thema, da dies nicht selten einem anwenderbedingten Pragmatismus obliegt, denn eindeutige Kausalketten sind, durch die ökonomische Theorie, nicht zwingend gegeben. Darüber hinaus kann die Definition und Interpretation von Schocks schwierig sein. Hinzu kommt, dass

---

[373] Grundsätzlich können in einem solchen Fall klassische Regressionsanalysen mit differenzierten Variablen durchgeführt werden. Da jedoch in der vorliegenden Arbeit explizit die Untersuchung langfristiger Zusammenhänge im Fokus steht, um nachhaltige Einflussfaktoren aufzuzeigen, wurde auf entsprechende Regressionsschätzungen verzichtet.

der in der Analyse betrachtete Zeitraum von 47 Jahren für Methoden der stochastischen Zeitreihenanalyse relativ kurz ist.

4.3.3   Prognosen der Gesundheitsausgaben

Auf Basis der in den Abschnitten 4.3.2.1 und 4.3.2.2 dargestellten Modelle werden schließlich die Prognosen für die Gesundheitsausgaben betrachtet. Abbildung 4-9 zeigt die tatsächlichen sowie die prognostizierten Werte der Gesundheitsausgaben auf Basis des ersten bzw. zweiten Modells. Die ex-post-Prognose bezieht sich hierbei auf den Zeitraum 2000 bis 2006, für die vier darauf folgenden Jahre (2007-2010) werden jeweils ex-ante-Prognosen erstellt.

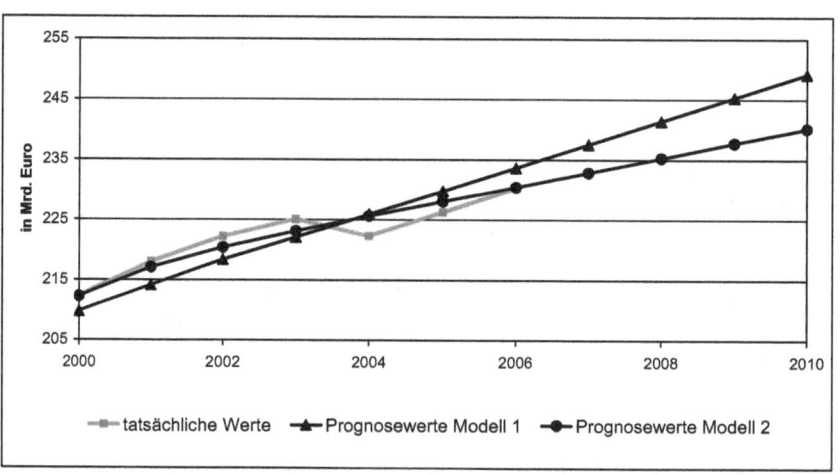

Abbildung 4-9:   Prognosen der Gesundheitsausgaben

Aus Abbildung 4-9 geht hervor, dass der Rückgang der Gesundheitsausgaben im Jahre 2004 von den Modellen nicht erfasst wird. Der Grund für diese Ausgabenreduktion ist das Gesundheitsmodernisierungsgesetz von 2004. Diese Maßnahme hatte verhältnismäßig starken Einfluss auf die Gesundheitsausgaben – zumindest in 2004 – ausgeübt. Abgesehen von dem Niveausprung in diesem Jahr hat sich der Verlauf der Ausgaben ähnlich fortgesetzt. Es ist also zu vermuten, dass die Berücksichtung einer entsprechenden Dummy-Variablen die Prognosegüte deutlich verbessern könnte. Die Vernachlässigung einer solchen Dummy-Variablen in den vorgestellten Prognosen liegt darin begründet, dass der Bruchzeitpunkt 2004 im Rahmen der Kointegrationsanalyse für die betrachteten Modelle nicht signifikant war (vgl. Kapitel 4.3.2).

Weiterhin zeigt die grafische Darstellung, dass die Prognose auf Basis von Modell 1 einen deutlich kräftigeren Anstieg der Ausgaben vorhersagt als Modell 2. Die Prognose im zweiten Modell erscheint jedoch zu optimistisch, da das Anstiegsmaß augenscheinlich unterschätzt wird. Der „Bruch" in 2004 bewirkt, dass vermutlich die tatsächlichen und prognostizierten Werte nicht allzu weit auseinander liegen.

Für das in der Analyse nicht berücksichtigte Jahr 2007 wurden reale Gesundheitsausgaben in Höhe von rund 233,4 Mrd. Euro ermittelt. Der „wahre" Wert liegt demnach zwischen den beiden Prognosewerten, wobei Modell 2 mit einem prognostizierten Wert von ca. 232,9 Mrd. Euro näher am tatsächlichen Wert liegt als Modell 1 mit einem Prognosewert von etwa 237,5 Mrd. Euro.

Unabhängig vom Jahr 2004 scheint Modell 1 das Anstiegsmaß der Gesundheitsausgaben besser abzubilden als Modell 2. Die konkreten prognostizierten Werte liegen dagegen in Modell 1 weiter entfernt von den wahren Werten als in Modell 2. Dieser Sachverhalt spiegelt sich auch in den berechneten Fehlermaßen[374] zur Beurteilung von Prognosen wieder (siehe Tab. 4-18).

	Prognose Modell 1	Prognose Modell 2
RMSE	3,422	1,767
Theil's U	0,768	0,397

Tabelle 4-18: Beurteilung der Prognosen

Den Angaben aus Tabelle 4-18 zufolge zeichnet sich Modell 2 durch eine bessere Prognosegüte der Gesundheitsausgaben als Modell 1 aus. Der RMSE nimmt für das zweite Modell einen niedrigeren Wert an als für Modell 1. Die Werte für Theil's U beurteilen zwar beide Modelle besser als die naive Prognose, allerdings erfüllt nur Modell 2 das Kriterium eines brauchbaren Prognosemodells, da dort der Wert kleiner als 0,5 ist.

---

[374] Siehe hierzu auch Kapitel 3.3.13.

Obwohl die Beurteilungskriterien akzeptable Ergebnisse liefern, sollten die Prognosen nicht überbewertet werden. Neben den angeführten Kritikpunkten ist die Entwicklung der Gesundheitsausgaben traditionsgemäß zahlreichen, wenn nicht sogar ständigen strukturellen Änderungen ausgesetzt. Diese Tatsache erschwert grundsätzlich die Möglichkeit einer zuverlässigen Prognose.

5 SCHLUSSBEMERKUNGEN

Das deutsche Gesundheitswesen gerät zunehmend in Finanzierungsnot. Mit gesundheitspolitischen Reformen und Gesetzesänderungen wurde und wird versucht, die Kostenentwicklung zu drosseln sowie die langfristige Finanzierung zu sichern. In der politischen Diskussion wird nicht selten die mangelnde nachhaltige Wirkung der gesundheitspolitischen Maßnahmen kritisiert. Deshalb war das Ziel dieser Arbeit, zunächst grundsätzliche Einflussfaktoren der Gesundheitsausgaben herauszuarbeiten und anschließend, basierend auf empirischen Untersuchungen, langfristige Determinanten aufzuzeigen.

Von einigen in der empirischen Analyse berücksichtigten Variablen bleibt der erwartete (anhaltende) Einfluss auf die Gesundheitsausgaben aus. Hierzu gehören beispielsweise die Verweildauer und die Arztzahlen. Solche Größen sind demnach keine geeigneten Stellschrauben im Hinblick auf eine Reduktion der Gesundheitsausgaben.

Unter den Variablen, für die eine anhaltende Wirkung statistisch nachgewiesen wurde, befinden sich einige Größen, die trotz des langfristigen Zusammenhangs nicht zur Diskussion stehen. Begründet liegt dies in der Tatsache, dass diese Größen für sich genommen eigenständige Ziele darstellen, die durch Maßnahmen nicht konterkariert werden dürfen. In diesem Zusammenhang sind beispielsweise das „BIP pro Kopf" und die „Lebenserwartung" zu nennen.

Die Ergebnisse der empirischen Analyse in dieser Arbeit zeigen außerdem, dass bislang keine politischen Maßnahmen ergriffen wurden, die langfristig das Personal pro Bett in stationären Einrichtungen beeinflussen. Da jedoch ein langfristiger positiver Zusammenhang zwischen dem Personal pro Bett und den Gesundheitsausgaben besteht, empfiehlt es sich, die Effizienz des Personaleinsatzes in Einrichtungen der stationären Versorgung zu überprüfen und ggf. entsprechende Maßnahmen einzuleiten. Gewiss muss bei der Auswahl der Maßnahmen die Leistungsqualität berücksichtigt werden. Es dürfen keine Aktivitäten unternommen werden, die untragbare Qualitätseinbußen mit sich bringen. Dieses Argument zielt nicht nur auf den Einzelnen, sondern ist auch volkswirtschaftlich zu sehen, können doch Defizite in der Leistungsqualität langwierige Behandlungen oder sogar chronische Krankheiten zur Folge haben, was letztlich zu unnötigen Ausgaben führt. Da die betrachtete Größe „Personal pro Bett" sowohl das ärztliche als auch das nicht-ärztliche Personal umfasst, könnten Maßnahmen, die auf das Verwaltungspersonal gerichtet sind Effizienz steigernd wirken, ohne hierbei die medizinische Qualität der Leistungen zu gefährden.

Als weitere Stellgröße hat sich der soziale Status herauskristallisiert, sofern die Sozialleistungen als Indikator für die sozialen Verhältnisse herangezogen werden. Nach den Ergebnissen dieser Arbeit führen politische Initiativen zur Anhebung des sozialen Niveaus zu einer Ausgabenreduktion. Eine Verbesserung der sozialen Verhältnisse hat wahrscheinlich einen positiven Einfluss auf den Gesundheitszustand. Weiterhin fördert ein höheres Bildungsniveau eine gesundheitsbewusste Lebensweise, und das Humankapital kann gesteigert werden. Hierdurch wird auch die Wirtschaftsleistung positiv beeinflusst.

Die häufige Kritik an den gesundheitspolitischen Maßnahmen bezüglich der unzureichenden nachhaltigen Wirkungen in monetärer Hinsicht findet in der empirischen Analyse dieser Arbeit Bestätigung. Die mangelnde Nachhaltigkeit der politischen Aktivitäten liegt darin begründet, dass die ergriffenen Maßnahmen häufig Ad-hoc-Maßnahmen sind, wodurch – trotz guter Ansatzpunkte – der Kern des Problems nicht erreicht wird. Selbst ursachenadäquate Maßnahmen scheitern daran, dass sie „nicht zu Ende" gedacht werden. Ein Beispiel hierfür ist die Einführung der 10-Euro-Praxisgebühr pro Quartal. Höhere Selbstbeteiligungen können durchaus die übermäßige Inanspruchnahme drosseln. Verbleibt jedoch Spielraum für Umgehungen und Ausweichreaktionen kann dies zum ursprünglichen Ziel der Kostenreduktion sogar konträr sein. Im konkreten Beispiel wäre die vorsorgliche Inanspruchnahme ärztlicher Leistungen bei bereits gezahlter Praxisgebühr im entsprechenden Quartal eine solche Ausweichmaßnahme.

Bei der Bewertung der gesundheitspolitischen Maßnahmen ist jedoch zu berücksichtigen, dass nicht die reine Kostensenkung das Ziel der Reformen und Gesetzesänderungen ist bzw. sein sollte, sondern die Effizienzsteigerung im Gesundheitswesen. Vor dem Hintergrund, dass die jährliche Wachstumsrate der Gesundheitsausgaben über den betrachteten Zeitraum (1960-2006) gesunken ist, müssen die kritischen Äußerungen relativiert werden.

Einer abschließenden Beurteilung steht die Schwierigkeit entgegen, die Gesundheitsausgaben dahingehend zu differenzieren, welcher Ausgabenanteil notwendig (und effizient) und welcher Teil „unnötig" und ineffizient ist. Aus der reinen Ausgabenentwicklung können keinerlei Aussagen hinsichtlich der Effizienz im Gesundheitswesen getroffen werden. Weiterhin ist die Quantifizierung des Gesundheitszustandes nahezu unmöglich. Insgesamt können für die quantitative, empirische Analyse Variablen verwendet werden, die größtenteils nur approximativ die eigentlichen Sachverhalte abbilden. Darüber hinaus werden die Gesundheitsausgaben über zahlreiche, oft indirekte (und unbekannte) Wirkungsketten beeinflusst. Nicht zuletzt aus diesen Gründen ist die Ableitung gesundheitspolitischer Implikationen schwierig.

Ein sinnvoller Ansatzpunkt, um die Effizienz im Gesundheitswesen zu steigern, ist dennoch das individuelle Verantwortungsbewusstsein der Akteure des Gesundheitsmarktes. In Bezug auf die Individuen, die potenziellen Patienten bzw. Nachfrager von Gesundheitsleistungen, sind Aufklärungsmaßnahmen hinsichtlich einer gesunden Lebensweise grundsätzlich wichtig und flankierend zu sehen. Wirkungsvoller und nachhaltiger im Hinblick auf die Ausgabenentwicklung sind jedoch Anreize wie Prämien, Bonuszahlungen oder die (anteilige) Rückerstattung von Beiträgen bei ausbleibender Inanspruchnahme oder selbstgezahlter (Vorsorge-) Untersuchungen. Solche Anreize werden bereits seitens der Krankenkassen geschaffen. Ein entscheidendes Ziel dieser Maßnahmen sollte die Dämpfung des Freifahrereffektes sein. Ein höheres Verantwortungsbewusstsein der Leistungserbringer (wie z. B. Ärzte) erhöht ebenfalls die Effizienz im Gesundheitswesen, da nicht zwangsläufig die teuerste Untersuchung oder das teuerste Medikament auch die besten Resultate liefern. Hierzu müssen auch bei den Leistungserbringern entsprechende Anreize gesetzt werden, weil derzeit oftmals das eigene Profitstreben einen höheren Stellenwert einnimmt als die „Berufung zum Arzt". Das höchste Potenzial für Effizienzgewinne „steckt" vermutlich in den Forschungsunternehmen. Es müssen Anreize geschaffen werden, dass auch Forschungs- und Entwicklungstätigkeiten mit dem Ziel der Produktivitätssteigerung bzw. der höheren Wirtschaftlichkeit bei gegebener Qualität attraktiv sind.

Das Problem der nachhaltigen Finanzierbarkeit des Gesundheitswesens ist nicht ausschließlich die Ineffizienz, sondern vielmehr durch den demografischen

Wandel bedingt. Somit löst eine Effizienzsteigerung schwerlich alleine das langfristige Finanzierungsproblem. Demnach müssen gesundheitspolitische Reformen und Gesetzesänderungen konkret an der Finanzierungsordnung ansetzen. Ob der jüngste Versuch – die Einführung des Gesundheitsfonds – die Finanzierungsprobleme dauerhaft löst, bleibt abzuwarten. Da die Finanzierung des deutschen Gesundheitswesens größtenteils über das Umlageverfahren erfolgt, ist – in Anbetracht der demografischen Entwicklung – die derzeitige Finanzierungsform langfristig fragwürdig.

Abschließend stellt sich die Frage, ob nicht am ordnungspolitischen Rahmen angesetzt werden muss, um die Finanzierungsprobleme im Gesundheitswesen zu lösen. Die Bürgerinnen und Bürger sollten durch höhere Selbstbeteiligungen an den Gesamtkosten zum individuell effizienten Handeln bewegt werden. Insgesamt müssen der gesetzlichen Krankenversicherung vermehrt Elemente des Versicherungsgedankens zurückgegeben werden, indem Risiken und Verhalten verstärkt individuell beurteilt werden. Entsprechende finanzielle Ausgleiche für benachteiligte Personen wie beispielsweise chronisch Kranke könnten über Steuern erfolgen. Damit wäre auch das Solidaritätsprinzip gewahrt, was im derzeitigen System fragwürdig ist, da Beamte, Selbständige und Besserverdienende im Allgemeinen privat versichert sind und somit nicht oder nicht ausreichend am Solidaritätsausgleich der gesetzlichen Krankenversicherung beteiligt sind. Änderungen des ordnungspolitischen Rahmens sind jedoch letztlich eine politische Entscheidung und sollten demnach in der vorliegenden Arbeit nicht weiter ausgeführt werden.

ANHANG

Anhang 1: Alternative Testgleichungen im DF-Test

Die unterschiedliche Darstellung der Testgleichung im DF-Test wird exemplarisch anhand des BIP für Deutschland im Zeitraum 1960-2006 gezeigt.

Variante A (üblich angewandt):
Schätzung der Testgleichung $\Delta y_t = \mu + \alpha \cdot t + \gamma \cdot y_{t-1} + \varepsilon_t$

Linear Regression - Estimation by Least Squares
Dependent Variable DBIP

Variable	Coeff	Std Error	T-Stat	Signif
1. Constant	88328.55683	34101.26887	2.59018	0.01304316
2. ZEIT	4860.06887	2647.90345	1.83544	0.07336275
3. BIP{1}	**-0.12914**	0.07205	**-1.79233**	0.08011823

Variante B:
1. Schätzung der Regressionsgleichung $y_t = \mu + \alpha \cdot t + \varepsilon_t$ und Ermittlung der Residuen (hier als resids bezeichnet)

Linear Regression - Estimation by Least Squares
Dependent Variable BIP

Variable	Coeff	Std Error	T-Stat	Signif
1. Constant	483795.45716	22158.06635	21.83383	0.00000000
2. ZEIT	36305.01641	803.75754	45.16911	0.00000000

2. Schätzung der Testgleichung $\Delta y_t = \mu + \gamma \cdot \text{resids}_{t-1} + \varepsilon_t$

Linear Regression - Estimation by Least Squares
Dependent Variable DBIP

Variable	Coeff	Std Error	T-Stat	Signif
1. Constant	34744.96990	5276.37759	6.58500	0.00000005
2. RESIDS{1}	**-0.12902**	0.07138	**-1.80759**	0.07750903

Als Ergebnis kann festgehalten werden, dass der Koeffizient γ fast identisch geschätzt wird und somit die beiden Varianten hinsichtlich der Überprüfung auf Einheitswurzeln äquivalent angewendet werden können.

Anhang 2: Mathematische Zusammenhänge der Dummy-Variablen

Um zu zeigen, dass $DTB_t = \Delta DU_t$ bzw. $DU_t = \Delta DTS_t$ gilt, soll folgende Tabelle betrachtet werden:

t	DTB	DU	DTS	ΔDU	ΔDTS
1	0	0	0	-	-
2	0	0	0	0	0
3	0	0	0	0	0
4	0	0	0	0	0
5	0	0	0	0	0
6	1	1	1	1	1
7	0	1	2	0	1
8	0	1	3	0	1
9	0	1	4	0	1
10	0	1	5	0	1

mit: $DTB_t = 1$ für $t = TB + 1$, 0 sonst

    $DU_t = 1$ für $t > TB$, 0 sonst

    $DTS_t = t - TB$ für $t > TB$, 0 sonst

Durch die Bildung erster Differenzen wird ersichtlich, dass die oben angegeben Beziehungen gelten.

Anhang 3: Datenquellen

Variable(n)	Datenquelle(n)
Gesundheitsausgaben, Anteil öffentlicher Ausgaben	Statistisches Bundesamt, Fachserie 12, Reihe S.2 bzw. Gesundheitsberichterstattung des Bundes (Tabellen online abrufbar)
	OECD Health Data 2008
	OECD Measuring Health Care, 1960-1983
Lebenserwartung bei Geburt, potenziell verlorene Lebensjahre	OECD Gesundheitsdaten 2008
Gestorbene, Geburten- bzw. Sterbeüberschuss, zusammengefasste Geburtenziffer, Säuglingssterblichkeit	Statistisches Bundesamt, Fachserie 1, Reihe 1.1
Sterberate	Statistisches Bundesamt, Fachserie 1, Reihe 1.1 und Reihe 1.3
Bevölkerung	Statistisches Bundesamt, Fachserie 1, Reihe 1.3
Altenquotient, Gesamtquotient	Statistisches Bundesamt, Fachserie 1, Reihe 1
Arbeitslose, Arbeitslosenquote	Bundesagentur für Arbeit (vom Statistischen Bundesamt online zur Verfügung gestellt)
Arbeitnehmer	Statistisches Bundesamt, Fachserie 18, Reihe 1.5
Erwerbstätigenquote der Frauen	Statistisches Bundesamt, Fachserie 1, Reihe 4
Sozialleistungen	Bundesministerium für Arbeit und Soziales, Sozialbudget
Arztzahlen	Bundesärztekammer (von der Gesundheitsberichterstattung des Bundes online zur Verfügung gestellt)
	OECD Measuring Health Care, 1960-1983
Personal, aufgestellte Betten, Patientenfallzahl, Verweildauer, Bettenauslastung, Bettenumschlag	Statistisches Bundesamt, Fachserie 12, Reihe 6.1 bzw. Reihe 6.1.1 und 6.1.2 sowie Gesundheitsberichterstattung des Bundes (Tabellen online abrufbar)
BIP	Statistisches Bundesamt, Fachserie 18
Forschungs- und Entwicklungsausgaben	Bundesministerium für Bildung und Forschung, Bundesbericht Forschung (und Innovation)
Tabakkonsum	OECD Gesundheitsdaten 2004, 2008
Kalorienzufuhr, Gesamtfettaufnahme, Zuckerverbrauch, Obst- und Gemüseverzehr,	OECD Gesundheitsdaten 2008
BIP-Deflator	Statistisches Bundesamt, Fachserie 18
Verbraucherpreisindex (gesamt und „Gesundheit")	Statistisches Bundesamt, Fachserie 17, Reihe 7
	OECD Measuring Health Care, 1960-1983

Anhang 4: Kritische Werte der Tests auf Integration

Die dargestellten kritischen Werte beschränken sich auf solche Werte, die für die Analyse in dieser Arbeit relevant sind. Die Quellen zu den kritischen Werten finden sich jeweils in den allgemeinen Ausführungen im Text.

KPSS-Test:

Nullhypothese	1%	5%	10%
Stationarität	0,739	0,463	0,347
Trendstationarität	0,216	0,146	0,119

(A)DF-, PP-, FH-Test:

Deterministische Terme	1%	5%	10%
keine	-2,62	-1,95	-1,61
Konstante	-3,58	-2,93	-2,60
Konstante und Trend	-4,15	-3,50	-3,18

SP-Test:

Grad des Lagpolynoms	1%	5%	10%
1	-3,73	-3,11	-2,80
2	-4,28	-3,65	-3,34
3	-4,73	-4,08	-3,77
4	-5,13	-4,47	-4,15

ERS-Test:

GLS-Bereinigung um	1%	5%	10%
Mittelwert	-2,62	-1,95	-1,61
Trend	-3,77	-3,19	-2,89

P-Test:

Bruch im	1%	5%	10%
Niveau	-4,42	-3,80	-3,51
Anstiegsmaß	-4,51	-3,85	-3,57
Niveau und Anstiegsmaß	-4,75	-4,18	-3,86

ZA-Test:

Bruch im	1%	5%	10%
Niveau	-5,34	-4,80	-4,58
Anstiegsmaß	-4,93	-4,42	-4,11
Niveau und Anstiegsmaß	-5,57	-5,08	-4,82

LS-Test:

Modell A:

1%	5%	10%
-4,239	-3,566	-3,211

Modell C:

TB / T	1%	5%	10%
0,1 bzw. 0,9	-5,11	-4,50	-4,21
0,2 bzw. 0,8	-5,07	-4,47	-4,20
0,3 bzw. 0,7	-5,15	-4,45	-4,18
0,4 bzw. 0,6	-5,05	-4,50	-4,18
0,5	-5,11	-4,51	-4,17

LS2-Test:

Modell A:

1%	5%	10%
-4,545	-3,842	-3,504

Modell C:

	TB2 / T								
	0,4			0,6			0,8		
TB1 / T	1%	5%	10%	1%	5%	10%	1%	5%	10%
0,2	-6,16	-5,59	-5,27	-6,41	-5,74	-5,32	-6,33	-5,71	-5,33
0,4	-	-	-	-6,45	-5,67	-5,31	-6,42	-5,65	-5,32
0,6	-	-	-	-	-	-	-6,32	-5,73	-5,32

Anhang 5: Ergebnisse zu Modell 1

Grafische Darstellung der Variablen:

Personal (eingesetztes Personal) pro (aufgestelltes) Bett:

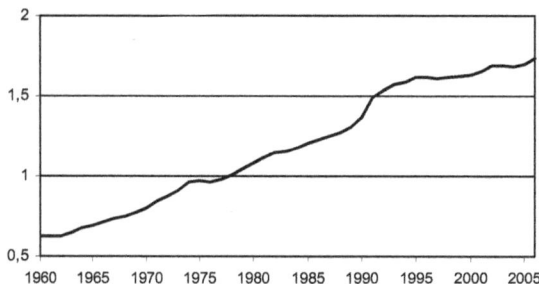

Verweildauer in Tagen:

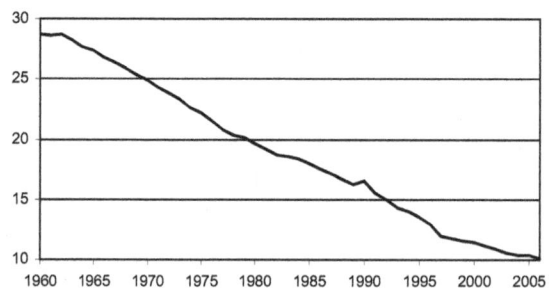

Durchschnittliche Lebenserwartung bei Geburt in Jahren:

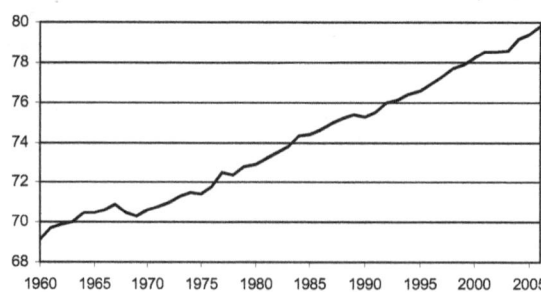

Signifikante Parameter der kurzfristigen Struktur bei Normierung auf hex (10%-Signifikanzniveau):

	ecm{1}	Δ hex{1}	Δ perspb{1}	Δ verweil{1}	Δ life{1}
Δ hex	0	-	85,786	5,508	-
Δ perspb	0,002	-	0,562	0,020	0,015
Δ verweil	-0,072	0,021	-4,201	-	-0,100
Δ life	0	-	-4,846	-	-

	constant	Δ TB(91)	Δ TB(99)	AO(90)	AO(91)	AO(99)
Δ hex	-	5,143	-4,706	-	15,475	-8,375
Δ perspb	-0,280	-0,028	-	0,028	0,084	-
Δ verweil	9,526	0,648	-0,130	0,630	-0,557	0,329
Δ life	-	-	-	-	-	-

Impuls-Antwort-Funktionen (Periode 1 bis 16):

Die Impuls-Antwort-Funktionen, als zeitliche Reaktionen der endogenen Variablen auf die transitorischen und permanenten Schocks im System, werden i. d. R. grafisch dargestellt. Durch die Bedingung unkorrelierter und standard-normalverteilter struktureller Schocks sind die Impuls-Antwort-Funktionen allgemein für einen einheitlichen Schock von einer Standardabweichung definiert.[375]

Die folgende Abbildung zeigt für die Perioden 1 bis 16 die Impuls-Anworten auf den transitorischen und die drei permanenten Schocks in Modell 1:

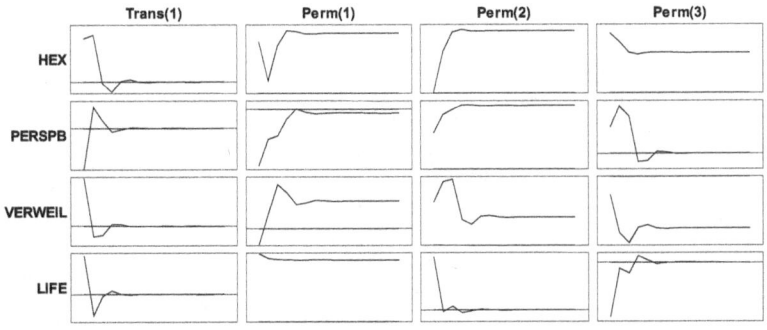

---

[375] Vgl. Juselius, 2006, S. 277-278.

In der grafischen Darstellung sind auch die eingeführten Restriktionen ersichtlich: Das Personal pro Bett und die Lebenserwartung werden nur durch zwei bzw. einen permanenten Schock dauerhaft beeinflusst. Die konkreten Werte der kontemporären Auswirkung sowie des Einflusses nach 16 Perioden (jeweils multipliziert mit 100) kann den folgenden zwei Tabellen entnommen werden:

	kontemporärer Einfluss			
	$\hat{\omega}^{T_1}$	$\hat{\omega}^{P_1}$	$\hat{\omega}^{P_2}$	$\hat{\omega}^{P_3}$
hex	9,511	30,104	2,247	261,287
perspb	-0,149	-0,131	1,060	0,086
verweil	4,926	-0,954	3,161	-4,242
life	1,406	17,839	4,627	-2,781

	Einfluss nach 16 Perioden			
	$\hat{\omega}^{T_1}$	$\hat{\omega}^{P_1}$	$\hat{\omega}^{P_2}$	$\hat{\omega}^{P_3}$
hex	-0,000	34,930	181,457	175,671
perspb	-0,000	-0,009	1,856	-0,000
verweil	-0,000	1,591	2,058	-12,031
life	0,000	16,181	-0,000	0,000

Beziehung zwischen den strukturellen Schocks und den VAR-Residuen (Normierung auf den jeweils größten Wert):

Die strukturellen Schocks und die VAR-Residuen des Modells sind über die Matrix **D** verknüpft.[376] Die folgende Tabelle zeigt diese Verknüpfung für Modell 1:

	$\hat{\varepsilon}_{hex}$	$\hat{\varepsilon}_{perspb}$	$\hat{\varepsilon}_{verweil}$	$\hat{\varepsilon}_{life}$
$\hat{\omega}^{T_1}$	-0,006	1	-0,330	-0,001
$\hat{\omega}^{P_1}$	-0,002	1	0,123	-0,312
$\hat{\omega}^{P_2}$	0,000	1	0,027	0,008
$\hat{\omega}^{P_3}$	0,114	1	-0,135	-0,192

---

[376] Vgl. hierzu Kapitel 3.3.12.

Es geht beispielsweise hervor, dass sich der transitorische Schock fast ausschließlich aus den VAR-Residuen der Gleichungen für „Δ perspb" und „Δ verweil" ergibt. Weiterhin kann der dritte permanente Schock als Residuen aller Variablen abgebildet werden. Die folgenden Gleichungen definieren die strukturellen Schocks, ausgedrückt in VAR-Residuen, für die beiden ange-führten Beispiele:

$$\hat{\omega}_t^{T_1} \approx \hat{\varepsilon}_{perspb,t} - 0{,}330 \cdot \hat{\varepsilon}_{verweil,t}$$

$$\hat{\omega}_t^{P_3} = 0{,}114 \cdot \hat{\varepsilon}_{hex,t} + \hat{\varepsilon}_{perspb,t} - 0{,}135 \cdot \hat{\varepsilon}_{verweil,t} - 0{,}192 \cdot \hat{\varepsilon}_{life,t}$$

Anhang 6: Ergebnisse zu Modell 2

Grafische Darstellung der Variablen:

Absolute Veränderung der Anzahl praktizierender Ärzte:

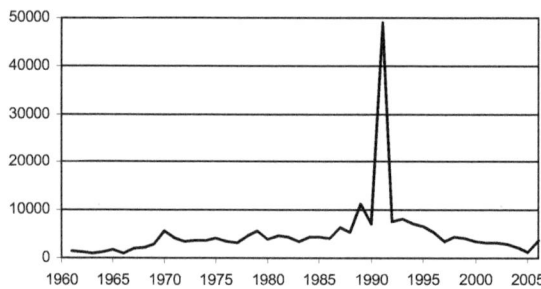

Reales BIP pro Kopf in Euro:

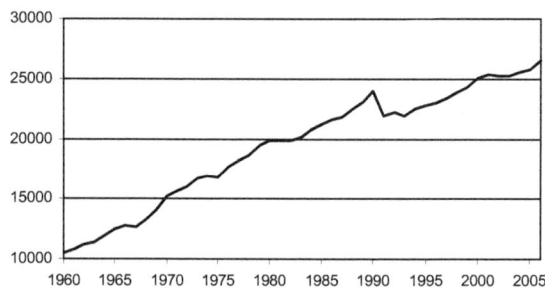

Reale Sozialleistungen insgesamt in Mrd. Euro:

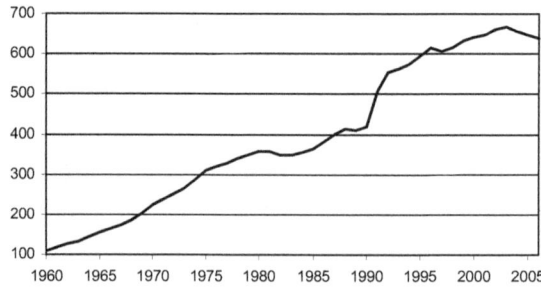

Signifikante Parameter der kurzfristigen Struktur (10%-Signifikanzniveau):

	ecm{1}	Δ hex{1}	Δ ddoc{1}	Δ bippc{1}	Δ sozial{1}	constant
Δ hex	-0,050	-	0,000	0,003	0,153	-
Δ ddoc	-187,619	-	-	-0,606	-	-11589,778
Δ bippc	-	-35,264	-	-	-	642,290
Δ sozial	-0,122	-	0,001	0,006	0,522	-

	Δ TB(91)	Δ TB(99)	AO(70)	AO(89)	AO(91)	AO(97)	AO(99)
Δ hex	6,657	-4,563	-4,526	-7,695	20,338	-6,302	-10,765
Δ ddoc	8201,231	-3872,419	3124,193	5792,999	34011,283	-	2895,311
Δ bippc	-	-	623,835	-	-2262,720	-	-
Δ sozial	12,784	-15,339	-	-14,795	64,561	-28,110	15,883

Impuls-Antwort-Funktionen (Periode 1 bis 15):

Die Impuls-Antworten, als Reaktionen der endogenen Variablen auf die Schocks, sind für die ersten 15 Perioden in folgender Abbildung dargestellt:

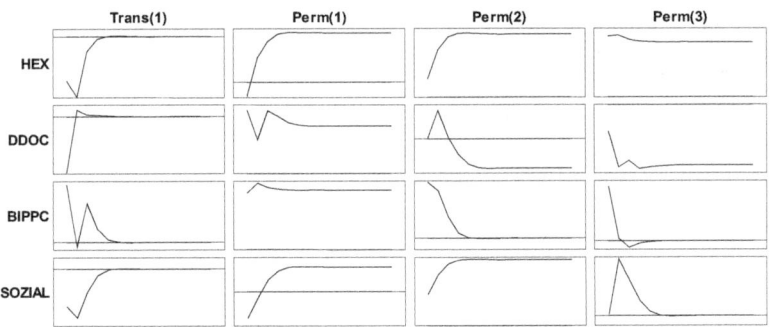

Die konkreten Werte für den kontemporären Einfluss und dem nach 15 Perioden (jeweils multipliziert mit 100) zeigen die folgenden zwei Tabellen:

	kontemporärer Einfluss			
	$\hat{\omega}^{T_1}$	$\hat{\omega}^{P_1}$	$\hat{\omega}^{P_2}$	$\hat{\omega}^{P_3}$
hex	-11,613	-18,046	53,407	198,860
ddoc	-49247,673	27611,726	317,938	-13620,978
bippc	756,496	20755,596	4884,250	6358,295
sozial	-32,816	-114,628	459,550	1,758

	Einfluss nach 15 Perioden			
	$\hat{\omega}^{T_1}$	$\hat{\omega}^{P_1}$	$\hat{\omega}^{P_2}$	$\hat{\omega}^{P_3}$
hex	0,000	64,366	183,787	179,480
ddoc	0,030	20776,875	-12710,323	-30935,349
bippc	0,002	21686,144	-0,002	-0,006
sozial	0,000	107,203	964,118	0,000

Beziehung zwischen den strukturellen Schocks und den VAR-Residuen (Normierung auf den jeweils größten Wert):

Die folgende Tabelle gibt an, wie die strukturellen Schocks mit den VAR-Residuen in Beziehung stehen. Es zeigt sich, dass insbesondere die VAR-Residuen der Variablen hex und sozial die strukturellen Schocks definieren.

	$\hat{\varepsilon}_{hex}$	$\hat{\varepsilon}_{ddoc}$	$\hat{\varepsilon}_{bippc}$	$\hat{\varepsilon}_{sozial}$
$\hat{\omega}^{T_1}$	1,000	0,009	-0,011	-0,001
$\hat{\omega}^{P_1}$	1,000	-0,001	-0,033	0,238
$\hat{\omega}^{P_2}$	-0,236	-0,001	0,006	1,000
$\hat{\omega}^{P_3}$	1,000	-0,000	0,000	-0,120

LITERATURVERZEICHNIS

Bergheim, S. (2006): Hurra, wir leben länger! Gesundheit und langes Leben als Wachstumsmotoren, Deutsche Bank Research, Aktuelle Themen 345, Frankfurt am Main.

Bergheim, S. (2007): Deutschland zum Wohlfühlen, Viele Gemeinsamkeiten in den glücklichen Regionen, Deutsche Bank Research, Aktuelle Themen 401, Frankfurt am Main.

BKK Bundesverband (2007): BKK Faktenspiegel, Schwerpunktthema ärztliche Versorgung, Ausgabe Oktober 2007.

BKK Bundesverband (2008a): BKK Faktenspiegel, Schwerpunktthema Kinder und Jugendliche, Ausgabe Mai 2008.

BKK Bundesverband (2008b): BKK Faktenspiegel, Schwerpunktthema Pflege und Pflegeversicherung, Ausgabe Juni 2008.

BKK Bundesverband (2008c): BKK Faktenspiegel, Schwerpunktthema Ernährung und Bewegung, Ausgabe Juli 2008.

Box, G. E. P. / Jenkins, G. M. (1970): Time Series Analysis: Forecasting and Control, San Francisco u. a. (Holden-Day).

Breyer, F. / Zweifel, P./ Kifmann, M. (2005): Gesundheitsökonomik, 5., überarbeitete Auflage, Berlin u. a. (Springer).

Busse, R. / Riesberg, A. (2005): Gesundheitssysteme im Wandel: Deutschland, WHO Regionalbüro für Europa im Auftrag des Europäischen Observatoriums für Gesundheitssysteme und Gesundheitspolitik, Kopenhagen.

Dennis, J. G. (2006): CATS in RATS. Cointegration Analysis of Time Series, Version 2, Evanston (Estima).

Dickey, D. A. / Fuller, W. A. (1979): Distribution of the Estimators for Autoregressive Time Series With a Unit Root, in: Journal of the American Statistical Association, Vol. 74, S. 427-431.

Dickey, D. A. / Fuller, W. A. (1981): Likelihood Ratio Statistics for Autoregressive Time Series with a Unit Root, in: Econometrica, Vol. 49, No. 4, S. 1057-1072.

Eckey, H.-F. / Kosfeld, R./ Dreger, C. (2004): Ökonometrie: Grundlagen – Methoden – Beispiele, 3., überarbeitete und erweiterte Auflage, Wiesbaden (Gabler).

Elliott, G. / Rothenberg, T. J./ Stock, J. H. (1996): Efficient Tests for an Autoregressive Unit Root, in: Econometrica, Vol. 64, No. 4, S. 813-836.

Enders, W. (2004): Applied Econometric Time Series, 2nd ed., Hoboken (Wiley).

Engle, R. F. / Granger, C. W. J. (1987): Co-Integration and Error Correction: Representation, Estimation, and Testing, in: Econometrica, Vol. 55, No. 2, S. 251-276.

Erdil, E. / Yetkiner, I. H. (2009): The Granger-Causality between Health Care Expenditure and Output: A Panel Data Approach, in: Applied Economics, Vol. 41, S. 511-518.

Franses, P. H. (1998): Time Series Models for Business and Economic Forecasting, Cambridge (Cambridge University Press).

Franses, P. H. / Haldrup, N. (1994): The Effects of Additive Outliers on Tests for Unit Roots and Cointegration, in: Journal of Business and Economic Statistics, Vol. 12, No. 4, S. 471-478.

Fries, J. F. (1980): Aging, Natural Death, and the Compression of Morbidity, in: The New England Journal of Medicine, Vol. 303, S. 130-135.

Getzen, T. E. (2000): Health Care is an Individual Necessity and a National Luxury: Applying Multilevel Decision Models to the Analysis of Health Care Expenditures, in: Journal of Health Economics, Vol. 19, S. 259-270.

Granger, C. W. J. (1981): Some Properties of Time Series Data and their Use in Econometric Model Specification, in: Journal of Econometrics, Vol. 16, S. 121-130.

Granger, C. W. J. (1986): Developments in the Study of Cointegrated Economic Variables, in: Oxford Bulletin of Economics and Statistics, Vol. 48, No. 3, S. 213-228.

Gruenberg, E. M. (1977): The Failures of Success, in: The Milbank Memorial Fund Quarterly. Health and Society, Vol. 55, No. 1, S. 3-24.

Hajen, L. / Paetow, H. / Schumacher, H. (2006): Gesundheitsökonomie: Strukturen – Methoden – Praxisbeispiele, 3. Auflage, Stuttgart (Kohlhammer).

Hall, A. (1994): Testing for a Unit Root in Time Series with Pretest Data-Based Model Selection, in: Journal of Business and Economic Statistics, Vol. 12, No. 4, S. 461-470.

Harbo, I. / Johansen, S. / Nielsen, B. / Rahbek, A. (1998): Asymptotic Inference on Cointegrating Rank in Partial Systems, in: Journal of Business and Economic Statistics, Vol. 16, No. 4, S. 388-399.

Harris, R. / Sollis, R. (2003): Applied Time Series Modelling and Forecasting, New York u. a. (Wiley).

Hendry, D. F. / Juselius, K. (2001): Explaining Cointegration Analysis: Part II, in: The Energy Journal, Vol. 22, No. 1, S. 75-120.

Johansen, S. (1988): Statistical Analysis of Cointegration Vectors, in: Journal of Economic Dynamics and Control, Vol. 12, No. 213, S. 231-254.

Johansen, S. (1995): Likelihood-Based Inference in Cointegrated Vector Auto-Regressive Models, Oxford (Oxford University Press).

Johansen, S. / Juselius, K. (1994): Identification of the Long-run and the Short-run Structure: An Application to the ISLM Model, in: Journal of Econometrics, Vol. 63, S. 7-36.

Juselius, K. (2006): The Cointegrated VAR Model: Methodology and Applications, Oxford u. a. (Oxford University Press).

Kirchgässner, G. / Wolters, J. (2006): Einführung in die moderne Zeitreihen-analyse, München (Vahlen).

Kwiatkowski, D. / Phillips, P. C. B. / Schmidt, P. / Shin, Y. (1992): Testing the Null Hypothesis of Stationarity Against the Alternative of a Unit Root, How Sure Are We that Economic Time Series Have a Unit Root?, in: Journal of Econometrics, Vol. 54, S. 159-178.

Lee, J. / Strazicich, M. C. (2001): Break Point Estimation and Spurious Rejections with Endogenous Unit Root Tests, in: Oxford Bulletin of Economics and Statistics, Vol. 63, No. 5, S. 535-558.

Lee, J. / Strazicich, M. C. (2003): Minimum Lagrange Multiplier Unit Root Test with Two Structural Breaks, in: The Review of Economics and Statistics, Vol. 85, S. 1082-1089.

Lee, J. / Strazicich, M. C. (2004): Minimum LM Unit Root Test with One Structural Break, Working Papers 04-17, Department of Economics, Appalachian State University.

Lütkepohl, H. / Krätzig, M. (2004): Applied Time Series Econometrics, Cambridge u. a. (Cambridge University Press).

MacKinnon, J. G. (1991): Critical Values for Cointegration Tests, in: Engle, R. F./ Granger, C. W. J. (Hrsg.), Long-run Economic Relationships: Reading in Cointegration, Oxford u. a. (Oxford University Press).

Maddala, G. S. (2001): Introduction to Econometrics, 3rd ed., Chichester u. a. (Wiley).

Maddala, G. S. / Kim, I.-M. (1998): Unit Roots, Cointegration, and Structural Change, Cambridge u. a. (Cambridge University Press).

Max Rubner-Institut (Hrsg.) (2008): Nationale Verzehrsstudie II, Die bundesweite Befragung zur Ernährung von Jugendlichen und Erwachsenen, Ergebnisbericht, Teil 1, Karlsruhe.

Neusser, K. (2009): Zeitreihenanalyse in den Wirtschaftswissenschaften, 2., aktualisierte Auflage, Wiesbaden (Vieweg + Teubner).

Newey, W. K. / West, K. D. (1987): A Simple, Positive Semi-Definite, Heteroskedasticity and Autocorrelation Consistent Covariance Matrix, in: Econometrica, Vol. 55, S. 703-708.

Newhouse, J. P. (1977): Medical-Care Expenditure: A Cross-National Survey, in: The Journal of Human Resources, Vol. 12, No. 1, S. 115-125.

Niehaus, F. (2006): Alter und steigende Lebenserwartung, Eine Analyse der Auswirkungen auf die Gesundheitsausgaben, Wissenschaftliches Institut der PKV, Köln.

Oberender, P. O. / Hebborn, A. / Zerth, J. (2006): Wachstumsmarkt Gesundheit, 2., grundlegend überarbeitete und aktualisierte Auflage, Stuttgart (Lucius und Lucius).

OECD (1985): Measuring Health Care, 1960-1983. Expenditure, Costs and Performance, Paris (OECD).

Osterwald-Lenum, M. (1992): A Note with Quantiles of the Asymptotic Distribution of the Maximum Likelihood Cointegration Rank Test Statistics, in: Oxford Bulletin of Economics and Statistics, Vol. 54, No. 3, S. 461-472.

Perron, P. (1988): Trends and Random Walks in Macroeconomic Time Series, Further Evidence from a New Approach, in: Journal of Economic Dynamics and Control, Vol. 12, No. 2, S. 297-332.

Perron, P. (1989): The Great Crash, The Oil Price Shock, and the Unit Root Hypothesis, in: Econometrica, Vol. 57, No. 6, S. 1361-1401.

Perron, P. (1990): Testing for a Unit Root in a Time Series with a Changing Mean, in: Journal of Business and Economic Statistics, Vol. 8, No. 2, S. 153-162.

Perron, P. / Vogelsang, T. J. (1992): Testing for a Unit Root in a Time Series with a Changing Mean: Corrections and Extensions , in: Journal of Business and Economic Statistics, Vol. 10, No. 4, S. 467-470.

Perron, P. / Vogelsang, T. J. (1993): Erratum, in: Econometrica, Vol. 61, No. 1, S. 248-249.

Phillips, P. C. B. / Perron, P. (1988): Testing for a Unit Root in Time Series Regression, in: Biometrika, Vol. 75, No. 2, S. 335-346.

Productivity Commission (2005): Economic Implications of an Ageing Australia, Research Report, Canberra.

Rinne, H. / Specht, K. (2002): Zeitreihen: Statistische Modellierung, Schätzung und Prognose, München (Vahlen).

Robert Koch-Institut (Hrsg.) (2003): Übergewicht und Adipositas, Gesundheitsberichterstattung des Bundes, Heft 16, Berlin.

Robert Koch-Institut (Hrsg.) (2005): Körperliche Aktivität, Gesundheitsberichterstattung des Bundes, Heft 26, Berlin.

Robert Koch-Institut (Hrsg.) (2006): Gesundheit in Deutschland, Gesundheitsberichterstattung des Bundes, Berlin.

Said, S. E. / Dickey, D. A. (1984): Testing for Unit Roots in Autoregressive-Moving Average Models of Unknown Order, in: Biometrika, Vol. 71, No. 3, S. 599-607.

Schmidt, P. / Phillips, P. C. B. (1992): LM Tests for a Unit Root in the Presence of Deterministic Trends, in: Oxford Bulletin of Economics and Statistics, Vol. 54, No. 3, S. 257-287.

Schöffski, O. / Schulenburg, J.-M. Graf v. d. (Hrsg.) (2000): Gesundheitsökonomische Evaluationen, 2., vollständig neu überarbeitete Auflage, Berlin u. a. (Springer).

Schulze, P. M. (2007): Beschreibende Statistik, 6., korrigierte und aktualisierte Auflage, München (Oldenbourg).

Statistisches Bundesamt (1990): Wirtschaft und Statistik, Ausgabe Oktober 1990, Wiesbaden.

Statistisches Bundesamt (2001a): Fachserie 12, Reihe S.2, Gesundheitswesen, Ausgaben für Gesundheit 1970 bis 1998, Ausgabe April 2001, Wiesbaden.

Statistisches Bundesamt (2001b): Presseexemplar Gesundheitswesen, Neue Gesundheitsausgabenrechnung, Wiesbaden.

Statistisches Bundesamt (2004): Gesundheit: Ausgaben, Krankheitskosten und Personal, Methodenanhang zur Pressebroschüre, Wiesbaden.

Statistisches Bundesamt (2006a): Presseexemplar Bevölkerung Deutschlands bis 2050, 11. koordinierte Bevölkerungsvorausberechnung, Wiesbaden.

Statistisches Bundesamt (2006b): Presseexemplar Leben in Deutschland, Haushalte, Familien und Gesundheit, Ergebnisse des Mikrozensus 2005, Wiesbaden.

Statistisches Bundesamt (2006c): Qualitätsbericht: Gesundheitsbezogene Rechensysteme – Gesundheitsausgabenrechnung, Stand: November 2006, Wiesbaden.

Statistisches Bundesamt (2007a): Wirtschaft und Statistik, Ausgabe März 2007, Wiesbaden.

Statistisches Bundesamt (2007b): Wirtschaft und Statistik, Ausgabe Dezember 2007, Wiesbaden.

Statistisches Bundesamt (2008a): Fachserie 1, Reihe 1.1, Bevölkerung und Erwerbstätigkeit, Natürliche Bevölkerungsbewegung 2006, Ausgabe Mai 2008, Wiesbaden.

Statistisches Bundesamt (2008b): Nachhaltige Entwicklung in Deutschland, Indikatorenbericht 2008, Wiesbaden.

Statistisches Bundesamt (2008c): Statistisches Jahrbuch 2008. Für die Bundesrepublik Deutschland, Wiesbaden.

Statistisches Bundesamt (2008d): Wirtschaft und Statistik, Ausgabe Mai 2008, Wiesbaden.

Statistisches Bundesamt (2008e): Wirtschaft und Statistik, Ausgabe August 2008, Wiesbaden.

Statistisches Bundesamt (2008f): Wirtschaft und Statistik, Ausgabe Oktober 2008, Wiesbaden.

Stier, W. (2001): Methoden der Zeitreihenanalyse, Berlin u. a. (Springer).

van Elk, R. / Mot, E. / Franses P. H. (2009): Modelling Health Care Expenditures, Overview of the Literature and Evidence from a Panel Time Series Model, CPB Discussion Paper, Nr. 121.

Vougas, D. V. (2007): GLS Detrending and Unit Root Testing, in: Economics Letters, Vol. 97, S. 222-229.

WHO (2002): Der Europäische Gesundheitsbericht 2002, in: Regionale Veröffentlichungen der WHO, Europäische Schriftenreihe, Nr. 97, Kopenhagen.

WHO (2006): Constitution of the World Health Organization, Basic Documents, 45th ed., Supplement, S. 1-18.

Zivot, E. / Andrews, D. W. K. (1992): Further Evidence on the Great Crash, the Oil-Price Shock, and the Unit-Root Hypothesis, in: Journal of Business and Economic Statistics, Vol. 10, No. 3, S. 251-270.

Schriften zur empirischen Wirtschaftsforschung

Herausgegeben von Peter M. Schulze und Peter Winker

Band 1 Christoph Balz: Multivariate Überprüfung von Hysteresiseffekten. Eine empirische Analyse ausgewählter Arbeitsmärkte. 1999.

Band 2 Daniel Porath: Fiskalische Beurteilung der Staatsverschuldung mit ökonometrischen Methoden. Eine empirische Studie für die Bundesrepublik Deutschland. 1999.

Band 3 Martina Johannsen: Theorie und Empirie von Arbeitsmärkten. Eine ökonometrische Analyse für Rheinland-Pfalz. 2000.

Band 4 Peter M. Schulze: Regionales Wachstum und Strukturwandel. Quantitative Analyse mit Regionaldaten für die Bundesrepublik Deutschland. Unter Mitarbeit von Christoph Balz. 2001.

Band 5 Nora Lauterbach: Tertiarisierung und Informatisierung in Europa. Eine empirische Analyse des Strukturwandels in Deutschland, Frankreich, Italien und Großbritannien. 2004.

Band 6 Robert Skarupke: Renditen von Bildungsinvestitionen. Paneldaten-Schätzungen für die Bundesrepublik Deutschland. 2005.

Band 7 Manfred Scharein: Zur Theorie skalenparametergesplitteter Verteilungen und ihrer Anwendung auf den deutschen Aktienmarkt. 2005.

Band 8 Ke Ma: Quantitative Renditeanalysen am deutschen Aktienmarkt mit Multifaktoren-Modellen. 2005.

Band 9 Jens Ulrich Hanisch: Rounding of Income Data. An Empirical Analysis of the Quality of Income Data with Respect to Rounded Values and Income Brackets with Data from the European Community Household Panel. 2007.

Band 10 Yvonne Lange: Fertilität und Erwerbsbeteiligung von Frauen in Deutschland. Eine empirische Analyse. 2007.

Band 11 Jörg Schmidt: Relative Deprivation, Arbeitszufriedenheit und Betriebswechsel. Eine Analyse auf Basis von Linked Employer-Employee Daten. 2008.

Band 12 Tanja Kasten: Monetäre und nicht-monetäre Effekte von Erwerbsunterbrechungen. Eine mikroökonometrische Analyse auf Basis des SOEP. 2008.

Band 13 Alexander Prinz: Quantitative Analysen zum deutschen und internationalen Luftfrachtmarkt. 2008.

Band 14 Anke Koch: Regionale Verteilung der Beschäftigung in Deutschland. Panel- und Zähldatenmodelle. 2009.

Band 15 Martin Mandler: Geldpolitische Reaktionsfunktionen und makroökonomische Unsicherheit. 2010.

Band 16 Verena Dexheimer: Einreisetourismus in Deutschland. Paneldatenanalysen und SARIMA-Prognosen. 2010.

Band 17 Julia König: Gesundheitsausgaben in Deutschland. Eine Kointegrationsanalyse. 2010.

www.peterlang.de

Printed by
CPI books GmbH, Leck

Zeitfracht Medien GmbH
Ferdinand-Jühlke-Straße 7
99095 Erfurt, Deutschland
produktsicherheit@kolibri360.de